传承与引领

中国博物馆协会服装与设计博物馆专业委员会

2023明代服饰论坛论文集

主　编　赵　丰
副主编　杨文妍

东华大学出版社

·上海·

图书在版编目（CIP）数据

传承与引领：中国博物馆协会服装与设计博物馆专
业委员会 2023 明代服饰论坛论文集 / 赵丰主编；杨文妍
副主编 . -- 上海：东华大学出版社，2024. 12.
ISBN 978-7-5669-2447-6

Ⅰ . TS941.742.48-53
中国国家版本馆 CIP 数据核字第 2024LD9031 号

责任编辑：张力月
版式设计：上海商务数码图像技术有限公司

传承与引领：
中国博物馆协会服装与设计博物馆专业委员会
2023 明代服饰论坛论文集
CHUANCHENG YU YINLING：
ZHONGGUO BOWUGUAN XIEHUI FUZHUANG YU SHEJI BOWUGUAN ZHUANYE WEIYUANHU
2023 MINGDAI FUSHI LUNTAN LUNWENJI

主　编：赵　丰　副主编：杨文妍
出　版：东华大学出版社（上海市延安西路 1882 号，200051）
出版社网址：http://www.dhupress.dhu.edu.cn
天猫旗舰店：http://dhdx.tmall.com
营销中心：021-62193056　62373056　62379558
印　刷：上海盛通时代印刷有限公司
开　本：710mm×1000mm　1/16
印　张：11.5
字　数：206 千字
版　次：2024 年 12 月第 1 版
印　次：2024 年 12 月第 1 次印刷
书　号：ISBN 978-7-5669-2447-6
定　价：98.00 元

绪论

2023年5月8日，由中国博物馆协会服装与设计博物馆专业委员会（以下简称"服设专委会"）主办、孔子博物馆承办的"传承与引领——明代服饰论坛"在孔子博物馆成功举办。来自服设专委会的常务委员及其代表们以及来自全国各地的明代服饰研究专家学者们出席了本次论坛（图1）。

本次论坛希望从服饰研究、保护、展示、利用等方面深入解读、挖掘明代服饰的文化价值，以博物馆服务于人民美好生活为出发点，探讨明代服饰元素对现代生活风尚的引领（图2）。

图1 "传承与引领——明代服饰论坛"参会人员合影

图2 "传承与引领——明代服饰论坛"会场

论坛开幕式由北京艺术博物馆馆长陈静主持（图3）。服设专委会副主任委员、孔子博物馆馆长郭思克致辞（图4），并介绍了孔子博物馆在服饰收藏、研究、保护、展览展示方面的工作概况，希望今后借助服设专委会的平台与各成员单位加强合作、形成合力，共同推动服饰研究。

国际博物馆协会执委、中国博物馆协会副理事长、服设专委会主任委员赵丰致辞，他介绍此次论坛是服设专委会举办的第二届学术研讨会，聚焦于蕴含浓厚汉文化传统的明代服饰。赵丰指出，明代服饰的色彩华丽、纹样丰富、组织结构多元，是服饰研究和设计的宝库。此外，赵丰主任对此次论坛的承办方孔子博物馆的大力支持表达了诚挚感谢，并表示曲阜是文明圣地、文化高地、文物宝地，在拥有丰富明代传世服装馆藏的孔子博物馆举办明代服饰论坛具有特殊意义（图5）。

论坛分为"衣以载道——明代服饰历史研究""透物见人——明代服饰文化研究""衣脉相成——明代服饰展示利用"三个版块，共有来自清华大学美术学院、孔

图3　北京艺术博物馆馆长　陈静

图4　服设专委会副主任委员、孔子博物馆馆长 郭思克

图5　国际博物馆协会执委、中国博物馆协会 副理事长、服设专委会主任委员　赵丰

图6　北京服装学院民族服饰博物馆馆长 田辉

图7　清华大学美术学院副教授　图8　孔子博物馆孔府旧藏服饰　图9　北京服装学院博士研究生
　　　　　　贾玺增　　　　　　　　　　　研究中心主任 徐冉　　　　　　　　　　　黄乔宇

子博物馆、上海历史博物馆、东华大学、北京服装学院、温州大学等多家机构与院校的16位专家学者做了精彩的学术报告。

第一版块"衣以载道——明代服饰历史研究"由北京服装学院民族服饰博物馆田辉馆长担任学术主持(图6),共六位讲者发言。

清华大学美术学院副教授贾玺增发言主题为《明清时期马面裙研究》(图7)。马面裙是明清时期流行最广泛、最具代表性的中国传统服装之一,是由一条腰带、两片长方形裙身组成的,每片裙身的左右两侧各有一个裙门(两片裙身共计四个裙门),穿着时,两片裙身的裙门在前身和后中部位两两重合,形成里外裙门相互搭叠的形制。其式样与宋代二片式旋裙类同。明代马面裙裙身中间打活褶,清代马面裙裙身无褶或打一厘米宽的细褶裥,抑或在细褶间绗缝固定,形成鱼鳞状褶裥;明代马面裙裙身有装饰性裙襕,清代马面裙在外露裙门和裙身上刺绣花卉、禽鸟等装饰图案,内裙门则无装饰。其衣身开合方式、裙门叠压、褶裥结构、图案装饰、文化内涵等要素综合形成了马面裙的运动性、遮蔽性、装饰性和礼仪性共存的特色,体现了中国古人独特的制衣智慧与美学特色。

孔子博物馆孔府旧藏服饰研究中心主任徐冉发言主题为《赭红色暗花缎缀绣鸾凤圆补女袍考》(图8)。孔府旧藏的明代服饰中有一件"赭红色暗花缎缀绣鸾凤圆补女袍",其袍服颜色、补子的形制、纹饰的等级都远远超越了明代衍圣公夫人所对应的一品外命妇的级别,这在学界成为谜题且备受关注,但由于缺乏相关背景资料,至今仍鲜有学者探究。本文通过梳理明代衍圣公府姻亲关系,经过实物标本和文献资料二重考证研究,推断该女袍应为袭封六十一代衍圣公孔弘泰(1450—1503年)

图10　东华大学博士研究生　　　　图11　清华大学艺术博物馆　　　图12　北京服装学院博士
　　　　徐蔷　　　　　　　　　　　　　高文静　　　　　　　　　　研究生　何远骏

的长女、第六代鲁王朱建㶄的王妃孔氏所穿着的服装。

　　北京服装学院博士研究生黄乔宇发言主题为《明清时期女服挽袖研究》(图9)。挽袖是明清时期女子衣袖缘饰,在传承中相继被多个民族、不同阶级发扬光大。本研究钩稽多重证据,对挽袖的历史嬗变进行爬梳。衣缘早在深衣时代便有规制,而挽袖肇始于明初日用敬物尚俭,在晚明俗世奢靡与女德教化的双重驱动下渐成女服的专属缘饰。清代汉女从未因皇权更替而舍弃挽袖,反而出现在命妇礼服配伍中昭示祖俗。文章基于满汉挽袖的实物考据,揭示了满汉两族挽袖形制共生与异化的传播过程,展现了不为典章所考的挽袖"从俗入礼"的历史脉络。

　　东华大学博士研究生徐蔷发言主题为《明定陵曲水地鹤蚌花蝶纹绸女夹衣面料考》(图10)。明定陵孝靖后曲水地鹤蚌花蝶纹绸女夹衣面料织有一些稀见于明代丝绸的装饰纹样。文章通过分析该面料设计风格与纹样元素,归纳出一组图案和构图相近的出土和传世明代中晚期丝绸,并与相关的中日纺织品等作历时和共时性比较,认为这批丝绸为仿日本风格的明代丝绸,并归纳出明清丝绸对日本中近世纺织品图案的接纳和利用规律。

　　清华大学艺术博物馆高文静发言主题为《昭明辨等的文官飞禽补——明清文官补子的异与同》(图11)。明清时期出现的补服是服饰与礼制交融的产物。文章将结合文献资料、留存实物及祖先画像等,立足于明、清文官补子实物展开分析,进一步探讨明、清时期文官补子在形制上的共同及差异之处,使我们可以更加全面地了解补子多样的装饰技法及深厚的文化内涵,从而推动传统工艺美术的创新性应用。

　　北京服装学院博士研究生何远骏发言主题为《"清承明制"的冠顶形制》(图

12）。冠顶形制一脉相承，非清代创制显庸，明顶的制度化发展是冠顶礼制建构进程中的重要历史环节。研究表明：明承元绪，以儒统改造北族顶制而循序弗易，而创制塔式三阶莲座宝顶，深化了顶制礼化的进程，进而至清成集大成者，在藏传佛教、汉传佛教和族属的形制基因上创建了顶制体系，成为中华民族多元一体文化特质的生动实证。

第二版块"透物见人——明代服饰文化研究"由广东省博物馆副馆长赵丽帆担任学术主持（图13），共6位讲者发言。

北京服装学院美术学院副院长蒋玉秋教授发言主题为《从〈埽垢山房诗钞〉看孔府旧藏明代服饰的形与制》（图14）。清代贡生黄文旸《埽垢山房诗钞》中的《观阙里孔氏所藏先世衣冠作歌纪之》是一篇以诗歌形式对孔府旧藏明代服饰进行了描述的观赏记录。文章以此诗为切入点，结合山东博物馆、孔子博物馆所藏孔府旧藏明代服饰实物与图像，对其形制类型与特征进行深入分析，并阐述孔府旧藏服饰的"形"与"制"的互动关系。

自由学者徐文跃发言主题为《明代冕服的制度与实际》（图15）。在明代，冕服的制度规定与实际执行存有一定差异，文章基于传世文献、域外汉籍、出土实物、图像资料等材料，对这一差异做了考察，同时指出并不存在《大明会典》记载的所谓"永乐三年定"的冕服制度，其制度实际上仍是洪武制度，并对见于《明宫冠服仪仗图》的冕服图式及其制度做了辨析。

济南大学美术学院服装系主任、副教授，北京服装学院博士鲍怀敏发言主题为《男女平权蒙学思想的物化——明代内命妇中单探微》（图16）。明初服制"复中国，辨华夷"，以承周礼并"参酌唐宋之制而定"，内命妇中单制夫妇同形同构就成为"复汉统以辨华夷"的一个标志。明代内命妇中单同夫，虽属"衬衣"，但制度谨严，形制交领右衽，通袍制，笃守专一的女德教化；玉色纱罗代表后之德；黻纹朱领分等级，夫妇对应"十三黻、十一黻和九黻"，朱色缘边取之"赤心奉神"。明代内命妇中单夫妻同构确立了儒家婚姻理念的"夫妇一体，同尊卑"，承载着对后妃女德教化的功能，体现内闱对命妇"慎独"修养的制度化，达到"严内闱以兴家国"的儒家理想社会，这也催生了近代中

图13　广东省博物馆副馆长
赵丽帆

图14　北京服装学院美术学院
副院长、教授 蒋玉秋

图15　自由学者 徐文跃

图16　济南大学美术学院服装
系主任、副教授，北京服装学
院博士研究生 鲍怀敏

图17　上海历史博物馆 张霞

图18　北京服装学院博士研究生
苏怡

图19　温州大学美术与设计
学院教授 王业宏

国男女平权思想的启蒙，或是这种蒙学的物化表象。

上海历史博物馆张霞发言主题为《明代文武官员服饰研究献疑——一则历史学视角的明代服饰研习笔记》（图17）。明代君主将服饰制度作为巩固江山社稷的重要举措，但同时逾越服制使用丝织品的现象在明代尤为普遍。文章共分为三个部分，第一部分尝试分析了明代服饰制度在官方确立和使用时即存在鼓励逾礼的潜在意图，第二部分以赐服制度中的几个特殊案例阐释了异常赐服行为背后的政治目的，第三部分以江苏刘鉴墓出土的服饰为例，提出明代棉布服饰和染织技术上的几个问题，阐释了棉织物在官僚阶层的象征意义。

北京服装学院博士研究生苏怡发言主题为《出梾之"玉"：明初生员襕衫色彩的多重解读与儒家价值体现》（图18）。洪武二十四年（1391年），明太祖亲定生员襕衫，玉色首次成为生员的特定服饰色彩。文章运用二重证据、比较分析等方法，探

图20　上海历史博物馆副馆长　图21　北京服装学院博士研究生　图22　武汉汉方手染非遗技艺
　　　　裘争平　　　　　　　　　　　　陈诗宇　　　　　　　　　　　　研究所　黄荣华

讨了玉色的多重色相观点，结合祭祀礼仪中与五色的对应关系，阐释了玉色的色彩
属性，分析了其所象征的君子品德以及儒家对玉性的诠释与推崇，揭示了明太祖选
用玉色作为生员服色所蕴含的"比德"与"重儒"的双重深意。

　　温州大学美术与设计学院教授王业宏发言主题为《清代皇帝的礼、吉服制度及
与明代服饰关系探讨》（图19）。清代满族在入关之初便厘定服饰制度，用于重要场
合彰显皇权富贵与尊卑等差。从名、色、形、文、质五个维度看，礼服制度经历了
清初、顺治、康熙三个时期的发展变革，在雍正时期逐渐稳定下来，乾隆时期正式
定型。吉服制度晚于礼服制度，导致以龙袍为代表的吉服从清初到雍正时期产生了
丰富多彩的样式。无论是皇帝礼服还是吉服，都与明代宫廷服饰或赐服有直接的关
系，这种影响还体现在清代宫廷戏服上。

　　第三版块"衣脉相承——明代服饰展示利用"由上海历史博物馆副馆长裘争平
担任学术主持（图20），共4位讲者发言。

　　北京服装学院博士研究生陈诗宇发言主题为《礼仪类服饰藏品全貌呈现方式探
讨——以明前期衮冕、袆衣再现为例》（图21）。衮冕为中国古代礼服中最重要的
一类，使用在祭天地、宗庙及即位等重大场合，历代均对其制度进行过仔细颁订与
调整，明代也对其进行了四次以上的更定。但衮服文物保存多不完整，馆藏仅有山
东鲁荒王墓、湖北梁庄王墓、北京昌平定陵等出土残件，如何清晰、完整地对其全
貌进行展示、复原，成为研究、呈现的难点。文章以文献制度为基础，结合馆藏文
物实物及馆藏图像，以明前期永乐制衮冕原状还原为例，探讨了馆藏服饰文物的复
原、呈现模式。

图23　四川大学硕士研究生　　　　图24　天津森罗科技股份
康玉潇　　　　　　　　　有限公司　丁春立

武汉汉方手染非遗技艺研究所黄荣华发言主题为《植物染色技艺在明代服饰保护色彩复原中的应用》(图22)。明代服饰具有鲜明的中华文化特色,是华夏衣冠的典范。明代纺织品文物,是宝贵的文化遗产,我们对此应怀有敬畏之心,必须用先辈留下的最好技艺来保护。在色彩还原的过程中,他提出应使用流传数千年的传统植物染色技艺来完成。文物复制也必须遵循"尊重原历史,尊重原材料,尊重原技艺"的三原则,才能做到真正地保护和保留文物的原始风貌。

四川大学硕士研究生康玉潇发言主题为《发现"衍圣公夫人":孔府旧藏女性文物展示与儒家文化遗产价值再议》(图23)。文章以"衍圣公夫人"相关文物展示与诠释的问题为切入点,基于文化遗产收藏理念的演变、社会文化观念发展的背景对孔府女性服饰与儒家文化遗产研究、保护、展示与利用的关系提出思考,进而揭示这批藏品的研究价值,以期拓展学界对儒家文化遗产保护利用理念与途径的讨论。

天津森罗科技股份有限公司丁春立发言主题为《服饰藏品节能展示与储藏》(图24)。明代服饰极易受外部环境以及馆藏环境不连续性控制,产生破裂、泛黄、糟朽等问题。在当前基于"平稳、洁净"的预防性保护和微环境控制理念以及贯彻提高绿色低碳发展的前提下,开发的新型展示与储藏微环境采用以高气密为基础,结合恒湿、净化技术,可实现1000天不用电恒湿、洁净储藏,实现对明代服饰藏品展示的方式探索。

最后,赵丰主任委员对本次论坛进行了学术总结,表示各位学者以服饰为视角,以物证史,透物见人,突破历史学与文物学的局限,将设计学思维运用到传统服饰研究中,实现了多学科的对话与交流,再现服饰背后的历史价值。服设专委会今后会继续以服务于人民美好生活为出发点，联合各大博物馆、服装高校及相关研究机构，努力推动传统服饰的研究与保护，策划更多的传统服饰展览，助力传统服饰元素对现代生活风尚的引领。

本文发表于公众号"中国博协服装与设计博物馆专委会"

目录

第一章 衣以载道——明代服饰历史研究

探寻奥秘　基因传承——明代服饰裁剪结构研究及明制服饰元素的应用尝试

陈立荣[1]

摘　要：本文列举的文物案例从结构裁剪角度分析明代服饰特点，说明明代高交领及 A 型廓形、特型褶裥、肩褶与省道转移、以褶代剪设计、摆与袖避让关系的研究情况，并介绍明代交领、立领、手绘、马面裙等视觉元素在复原定制及汉元素时装设计中的运用实例。

关键词：交领；褶裥；肩褶；以褶代剪

中国古代传统服饰的复兴，源自于汉族学生因礼仪服饰选择而引发的民族服饰探究。而明代服饰文化在中国古代服饰史上占有非常重要地位，不仅拥有十分丰富的文物文献支持，同时其考据工作相对比较严谨全面，因而明制服饰顺理成章地成为传统服饰爱好者首选的穿着形制。怀着复兴汉民族传统服饰的理想，本着对传统服饰商品化、市场化推动的目的，笔者从2007年开始参与对中国古代传统服饰文物形制、裁剪结构、装饰纹饰及传统纺织品的研究与实践活动。凭借国内外博物馆搭建的文物展示及研究平台，以及专家学者们的指导和帮助，我们通过对传统服饰形制、服饰结构、工艺的复原和创新研究，开发了诸多数据化方法与应用，以求在历史文物与现代生活之间建立和谐联系。作为较早一批明代服饰文物应用研究及服饰制作者，我们也得到了市场和消费者的支持，这更加坚定了我们对传统服饰深入研究的追求。通过多年的实践，我们建立了一套规律性的裁剪理论并面向社会培训数届学员，培养出多家

1　陈立荣，北京姑苏陈传统服饰工作室。

明制服饰品牌。

为此，我们积极响应中国博物馆协会服装与设计博物馆专委会"传承与引领——明代服饰论坛"研讨会的号召，简要汇报我们在明代服饰结构研究中的发现，以及明代服饰元素在现代服装设计中的应用实践。

一、端庄的明代高交领分析应用及 A 型廓形

交领右衽是汉民族传统服饰的典型特征。自黄帝至明清，汉民族传统服饰一直以交领右衽、上衣下裳为祭服、礼服的基础形制。研究任何时代的服都应该从交领开始，然而实践证明，想要研究与掌握交领传统服饰的版型，往往十分困难。因此，我们在交领服饰版型研究上投入了大量的精力，致力于将历史文物资料的分析研究和实践相结合，总结出关于传统服饰的裁剪方法，以科学原理还原传统形制、基因传承融合当代审美为基本宗旨，努力以严谨、雅致、古朴、得体的风格为顾客提供个性化服务。

在研究掌握服饰形制的基础上，从文物资料向服装工业产品转化的过程中，裁片结构的数据化尤为重要。而对历史文物的实物研究，是了解具体结构、取得裁剪数据最直接有效的方法。沈从文先生曾经就西汉扬雄《方言》中提到的"绕衿谓之帬"[1]的正确含义问题，谈及马王堆出土汉代深衣实物对文献理解的重要性，而两千年间脱离实物的各种解释皆"各自引尽证书，总归得不到定论"。实物的出现，令千年来博学鸿儒关于这个问题的研究讨论落了空。[1]可见深入研究明代交领服饰实物的结构细节，是复原传统服饰结构版型的必经之路。

通过对历代出土及传世服饰文物的结构数据的直接分析比较，结合人佣、壁画、容像等文物的间接验证，我们发现明制交领服饰相对于其他时代的交领服饰具有明显的特征（图1）。从湖北荆州战国马山一号楚墓出土绵袍、湖南长沙马王堆汉墓出土绵袍、甘肃花海毕家滩26号墓出土东晋碧襦、新疆民丰尼雅95—号墓地出土汉晋绢袍等交领服饰文物的结构形态及数据可以看出，汉晋及更早期的交领服饰衣襟明显呈现比较浅的交叠角度，领缘基线终于腰前侧，可以称其为"浅交领"。而江苏镇江金坛南宋周瑀墓出土、江苏常州周塘桥南宋墓出土、浙江台州南宋赵伯

1　扬雄撰，郭璞注：《方言》，景江安傅氏双鉴楼藏宋刊本。

浅交领

正交领

高交领

图1　历代交领与明代交领的区别

漯墓出土的交领服饰，衣襟相对对称，领缘长直且收系于腰间，可以称其为"正交领"。分析众多明代存世交领服饰文物，尤其是孔府旧藏明代服饰中的交领服饰文物的结构数据，以及不少明代容像的交领形象，不难看出明代交领呈现出与前两种交领明显不同的形态，即衣领系带位置提高到胸腰之间，领缘高耸，前胸立角，我们称之为"高交领"。

在传统服饰版型控制中，领缘基线与前中缝成角越小，衣领交叠越浅。成角越大，衣领则越直立。当领缘基线与前中缝平行或成角为九十度时，衣领便是对襟或立领的特例。明代交领深受辽金元服饰的影响，或者是严防衣领松垮而有意识缩短领缘基线长度，或者是为织金妆彩工艺扩大前胸装饰纹样的面积。不管怎么说，客观上这种高耸的交领结构在明代服饰中非常典型，据明制女装穿着者反馈，紧紧地包裹颈部的衣领可以产生自觉约束行为的仪式感。明制高交领加上华丽的纹饰、高纯的色彩，一改宋风的淡雅闲适，变得端庄敦厚。

大部分明制交领服饰的衣襟呈不对称交叠，形成了几种明显的大小襟变化形式。因而明代高交领可以细化分解为几种具体形式，其实是领缘基线的末端产生了变化。其一是断衽式，内襟直接不再拼接，领缘基线出右颈点直转而下。实物如孔府旧藏明代赤罗朝服、白罗长衫等。[2] 其二是半接式，领缘基线出右颈点斜左而下至与前中缝相交而止，内襟自领缘末端拼接一小块。实物如孔府旧藏明代茶色织金蟒袍、香色麻飞鱼贴里袍等。[2] 另一是全接式，领缘基线出右颈点左转而下过前中缝至左身，内襟拼接如右衽，只是宽度约为一半。文物如定陵出土黄素绫衬道袍w351、柘黄缎交领中单w336:1 等。[3] 经过观测分析，我们发现领缘左右倾角差别比较大的断衽式交领，通常用于礼服或较为宽松的外衣。领缘左右倾角相对对称的全接式交领，通常用于内衣或比较厚实的冬装。而在断衽式和全接式之间的半接式交领则是拥有最多实物样本的形式，并且有许多根据具体情况变化的案例，多为交领常服、吉服、便服等通用形式。

在现代服装文化中，法国设计师克里斯汀·迪奥（Christian Dior）首先提出按字母命名服装廓形，直线宽松的 H 型、高雅稳定的 A 型、刚强帅气的 T 型、闲适随意的 O 型、经典秀气的 X 型。[4] 明制服饰腰线偏高，无论男女服饰，均热衷于夸张的下摆。对照这个理论，绝大多数明制服饰，包括各类大幅接摆的明制袍服，尤其是明制女装袄裙的版型，实际上都是非常经典的宽袖高腰 A 字造型。相对于唐宋女装动感展示身材的直板造型，明制袄裙的 A 字造型高腰抱领结构配以马面裙竖线条强化稳定性，更富有淑静端庄的礼服气质。

　　我们通过采集分析文物结构数据，对明制高交领版型进行研究，初步总结出结构基本规律。其中以领缘基线研究、裁片设计研究为重点，提出"陈式明制女装原型"理论，探索裁剪尺度与身材数据之间的科学换算函数，达到兼顾廓形复原和实际穿着效果的目的。在明制高交领版型研究成果的应用上，我们不仅推出形制复原的个性化定制服务，还努力开发基于明制交领服饰的汉元素时装的设计（图2）。

图2　明制交领服饰复原定制及汉元素时装设计

图3　缘接式、斜折式、接贴式三类领缘结构

　　另外，我发现明制交领服饰文物中，领缘与衣身也会有几种变化形式，可分为缘接式、斜折式、接贴式三类。如图3中，从左至右分别是孔府旧藏茶色织金蟒袍[1]、白罗银狮补短衣[2]、蓝色妆花纱蟒袍[3]的交领局部，第一类交领的结构是在衣身上划定领缘基线，取一条经向直布裁片沿领缘基线拼接上去，形成直条型衣领。第二类交领的结构是适应纹饰而产生，在保持胸补完整的要求下，将领缘最前一截与衣身共用一片衣料，斜向折出缘接式交领的接缝。而外接领缘从纹样以外的部分再沿领缘基线向后拼接。同时，因为这部分领缘是斜向受力容易松垮，所以须在平行于领缘基线的中间位置上也折出一道折缝加以线缝固定。第三类交领的结构是第二类的进一步发展，衣身右接衽部分与领缘前段融为一体，左右身片于肩线处开一横口，从前中缝开始向后沿领缘基线内外贴接直条布片，形成衣领。不难看出，这样的变化趋势是作为单独存在的领缘部分面积不断被衣身占据，用于排布装饰纹样。纺织品纹样图案也是有分辨率的，每个表现色彩的经纬组织点就是一个像素点，足够多的像素点才能更加细致表现纹样的细节。在经纬密度达到极限的情况下，越大的图像面积将越具有更强的表现优势。

　　于是，这种对更大装饰面积的追求又产生了新的结果，明代高交领的发展，直接促成明代立领斜襟领式的产生。明制高交领演化成为明立领斜襟（图4），正是交领的大部分领缘融合成为衣身，而保留了最贴合颈部的部分领缘，同时还保留了明制高交领前胸高耸的领角，视觉上拔高了一大截。当然，我们并不认为高交领是明

1　山东博物馆：《斯文在兹——孔府旧藏服饰》，济南出版社，2012，第38页。
2　同1，第68页。
3　孔子博物馆：《齐明盛服：明代衍圣公服饰展》，文物出版社，2021，第78、79页。

图4 立裁演示明高交领向立领斜襟变化及立领斜
襟复原定制

代立领产生的唯一演化途径，在唐代外来的圆领结构、宋代对襟服饰结构当中也有其他不断演化的证据，在此我们以研究明代服饰为主要内容，不做深入叙述。立领斜襟的领型比高交领拥有更高的人气，因为它更能表现女性颈部的优美，而且克服了明制交领不对称衣襟所产生的左右差别。

二、特型褶裥的探究与复原

明代服饰文物中，有不少分裁连制的袍服，多为贴里、曳撒形制。通过分析研究，我们发现其腰间的褶裥结构可以简单分为以下几类：第一，均匀顺褶型，实物如孔府旧藏本色葛纱贴里[1]；第二，均匀合褶型，实物如苏州博物馆藏四合如意云纹宽花缎绣云龙通肩袖贴里[2]等；第三，细褶结合自由顺褶型，实物如江苏南京明墓出土如意云纹地天鹿补曳撒[3]等；第四，细褶整理圆头顺褶型，实物如孔府旧藏香色麻飞鱼贴里。

1　孔子博物馆：《齐明盛服：明代衍圣公服饰展》，文物出版社，2021，第134页。
2　蒋玉秋：《明鉴——明代服装形制研究》，中国纺织出版社，2021，第44页。
3　同上，第41页。

　　其中，以第四种细褶整理圆头顺褶型最为特殊，在2012年山东博物馆展出时，引起了我们复原此结构的兴趣。近观这种褶皱细节，在细密的小褶之上均匀排列着圆头大褶，也有人谓之"马牙褶"。细褶工艺虽然烦琐但也比较容易做到，结合元代隆化鸽子洞出土元代棉袍细褶[1]及明代山东鲁荒王辫线袄的细褶工艺来看，其运用了布褶缝饰手法（Smocking Stitches）。[4]百思不得其解的是大褶的头为什么会是圆的？在现场时没有解开谜底，回来反复放大照片观测，才发现其中端倪，原来是用同色针线固定在间隔相等的距离上，钉线处成为圆头顶点，两边自然向大褶边缘弯曲，形成圆弧形。随后，我们就开始动手复原这个结构，并推出圆头大褶贴里形制的复原定制服务（图5）。

孔府旧藏香色麻飞鱼贴里褶型工艺复原

孔府旧藏香色麻飞鱼贴里褶型工艺复原

图5　特型褶裥的结构复原及应用

1　首都博物馆：《锦绣中华——古代丝织品文化展》，科学出版社，2020，第200页。

三、肩褶与省道转移

山东博物馆所藏孔府旧藏蓝湖绉麒麟补女衣（图6），前身中缝明显偏向左侧，系带处明显比其他服饰宽出十多厘米的感觉，腰宽数据达到59厘米。经过仔细观测发现原来是四个肩褶散了三个，仅剩左前胸那个。以短袄为例，对比观测孔府旧藏服饰及定陵出土文物报告里相关肩褶结构的异同，很有意义。经过分析和实践验证，我们发现明代服饰中的肩褶的实质是形成合体造型的省道转移技术，改变了传统平肩裁剪法与肩斜角度之间的矛盾关系。

如图7所示，以定陵出土褐缎立领女夹衣 D39[1] 结构为例，图中肩褶区域标为红色的部分为长度19厘米的活褶部分，蓝色的部分为缝死的省道。活褶完全打开时，相当于上下两个位置相对的省道。

图6 孔府旧藏蓝湖绉麒麟补女衣

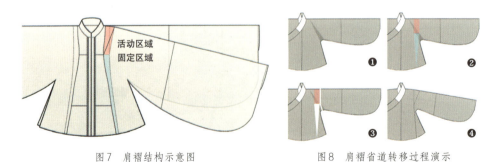

图7 肩褶结构示意图   图8 肩褶省道转移过程演示

---

1 中国社会科学院考古研究所、定陵博物馆、北京市文物工作队：《定陵》，文物出版社，1990，第98页。

　　那么，这个肩褶结构为什么是省道转移的结果呢？我们通过分解步骤说明其变化过程（图8）。第一，传统平肩裁剪法在穿着时通常会在肩中部到腋下一线形成余量，实际是合体版型肩斜角度的自然转移。第二，为了减轻或消除这个并不好看的冗余部分，在胸围以上接近前胸宽的位置上，画一条横线与肩线平行，横线之上画成长方形，下方延伸到下摆画成一个等腰三角形。第三，我们把三角形两条腰缝合在一起变成省道，这样上面的长方形底边两点也合二为一形成活褶。第四，这个活褶完全打开呈现一个三角形，经过我们的试验发现，它的最佳角度大小刚好相当于合体造型中的平均肩斜量，长度不多于二分之一肩宽，等于形成了一个同样长度、顶点在肩线上的省道。而下面那个死褶是个腰省，类似现代裁剪里的公主线结构功能。对比肩褶完成前后的版型，可以发现肩斜出现、腰身更加细、下摆弧度更大。不过，定陵资料显示对襟衣肩褶位置比较靠近内侧，结合胸补的安排打褶。而孔府旧藏服饰中的肩褶位置多靠近衣身外侧，方便方补或柿蒂纹的排布。

四、以褶代剪设计、摆与袖避让关系

　　丰富的明代服饰文化中，除了前面所提到的肩褶结构，还有许多营造合体效果的结构设计，以褶代剪就是其中一种。以褶代剪也可以叫"以折代剪"，是服装造型时避免直接将布料多余部分剪去，而是折叠起来形成褶或省的方法。在研究汉晋时期出现的新疆尉犁型营盘间色毛裙时，万芳老师认为正是那时以褶代剪由西域传入内地。[5] 其实我们早于汉晋前已经有通过褶裥结构削幅的先例，如果说按照礼制要求，祭祀等礼仪功能的服饰方可使用正幅褶裥的工艺，而不随便剪去布料，而日常所用应俭省布料，更多采用交解开片拼接的方法。[6] 还有一个值得注意的情况是，西域地区多毛织物，并不像中原的丝绸那样致密，因地制宜地采取方幅褶裥的方法有助于保持纺织品的整体性。另外，东汉尼雅墓葬出土的95MN1M3:15茶黄绢裙[1]、楼兰LE北壁画墓长袖衣[2]这两件文物还出现了方形裁片折角缝制以适合身体曲线的处理手法。

　　明代服饰的情况发生了根本性变化，以褶（折）代剪的手法得到广泛地运用，

1　中日共同尼雅遗迹学术考察队：《中日日中共同尼雅遗迹学术调查报告书》，1999。

2　万芳、杨英：《楼兰LE北壁画墓长袖衣复原研究》，载包铭新主编《西域异服：丝绸之路出土古代服饰复原研究》，东华大学出版社，2007，第23-26页。

交解开片再拼接的片式裙裳非常少见，仅存于深衣等少数形制，而方幅褶裥的裙裳形式倒是随处可见，并且形成多种褶裥形式。许多袍服衣身侧边的布幅被完整的留下来，折叠成不同尺度的衣摆，以增加下摆的造型与装饰能力。在对宋代男装的结构研究中，我们发现有不少袖宽接近于布幅宽度的设计，方正的视觉元素，是否是程朱理学赋予服饰设计的象征主义？而明代更加广泛的方幅用布，难道是承接宋服的象征主义？不过，明制服饰中大部分袍服衣身侧边不是斜向剪下来，而是折叠成斜边，倒是一个实用主义的原则。通过折叠，可以保持每条侧面的线条都保持经向受力，这样有利于保持衣身结构的稳定。

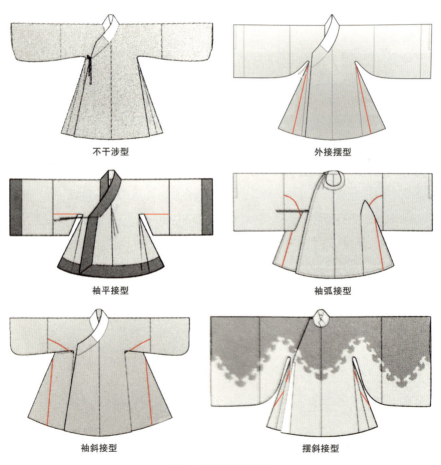

不干涉型

外接摆型

袖平接型

袖弧接型

袖斜接型

摆斜接型

图9　摆与袖避让关系

　　正因为这种衣身前片的布幅要被完整地留下来的设计，却绕不开侧摆与衣袖的避让关系问题。在此引用明代服饰形制研究著作《明鉴——明代服装形制研究》[1]的几幅明代服饰线稿图（图9），用红线标出其中接摆或衣袖拼接缝，粗略分析各种避让关系的类型：①不干涉型，实物如宁夏冯记圈明墓缠枝牡丹纹绫道袍，衣袖平直，前身直接折叠成两褶，摆与袖互不干涉；②外接摆型，实物如孔府旧藏白罗长衫，宽袖，下摆折叠一条浅褶，外侧斜向拼接内摆；③袖平接型，实物如孔府旧藏赤罗朝服，广袖内摆，衣袖水平裁剪让与内摆；④袖弧接型，实物如孔府旧藏云鹤补圆领袍，广袖外摆，衣袖弧形裁剪避让出外摆尖角；⑤袖斜接型，实物如日本京都妙法院藏丰臣秀吉便服，直袖外摆，衣袖斜向裁剪避让外摆斜角；⑥摆斜接型，实物如孔府旧藏香色彩绣芝麻纱蟒袍，广袖折摆，下摆斜向拼接以避让衣袖。

五、服饰手绘研究实践

　　在众多明代服饰文物中，孔府旧藏绿绸画云蟒纹袍（图10）是非常珍贵的印绘服饰样本，历经数百年仍然色彩鲜艳、线条清晰、层次分明。如此精美的装饰工艺，有必要加以研究复原。以绘画纹样装饰服饰的工艺，由来已久，至少在汉代，织绣印绘的装饰工艺已经并行发展，唐代织物印花及染缬工艺具有非常高的水平，而宋元时期更加丰富。仅南宋黄昇墓出土的印绘花边工艺就已经包括直接彩绘、凸纹印花彩绘、泥金印花、贴金印花、植物染料镂空印花、涂料镂空印花、色胶描金镂空印花、洒金镂空印花等。[7]明代以后，我们的精力过多地放在织与绣两方面，以至于印绘技艺纷纷失传，仅剩蜡染、扎染和略粗糙的蓝印花布等，较精细的印绘工艺却被日本继承发展为友禅绘艺术。因此，我们肩负着非常重要的研究复兴责任。

　　我们尽可能尝试各种方式手段，寻求色彩与纺织品之间的和谐结合（图11）。要在纺织品表面产生比织造工艺更加清晰的纹样，还要比绣花更加平整，那就必须选择印花或手绘。而染料或颜料的选择和印绘方式的搭配，尤为重要。染料的特点为渗透性强，颜料的特点则是覆盖性强，凸印适合勾勒轮廓线条，镂印适合铺陈色彩块面，而防染剂则可以留下雅致的水线。印花考验的是工具的精度和操作的熟练

1　蒋玉秋：《明鉴——明代服装形制研究》，中国纺织出版社，2021。

程度，而直接手绘则需要具备绘画基本功。这件作品"远香"为当时的汉元素时装实践产品之一（图12），面料底色为中间色调，手绘纹样的色彩明度只能向两极化延伸，因此决定选用洁白的莲花搭配墨色荷叶。花瓣采用覆盖力强的纺织品颜料，而荷叶主题使用较稀的颜料染出内外明暗，再以浓墨勾叶筋、画枝干。

图10 孔府旧藏绿绸画云蟒纹袍（局部）

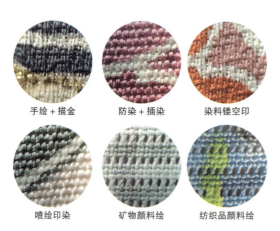

手绘＋描金　　防染＋插染　　染料镂空印

喷绘印染　　矿物颜料绘　　纺织品颜料绘

图11 显微镜下的染料颜料与纺织品结合状态

图12 传统手绘工艺应用实例"远香"
交领汉元素时装

六、绣花马面裙元素设计应用

明代服饰文化的另一个显著亮点，是马面裙的优美结构（图13）。前文我们已经提到明制袄裙淑静端庄的礼服气质，而马面裙具有前后裙门平直、侧面褶裥造型对称、裙襕装饰锦绣的特点，其结构设计优势在于用直线条强化了服饰美感，行则灵动，停则静淑。明制服饰腰线偏高，男女服饰均有夸张的下摆，可以说是A字廓型的现实存在，迪奥理论具体而形象地表达了服装廓形的奥秘。而早在迪奥"抄袭事件"之前60多年，香奈儿品牌就在使用马面裙结构设计礼服裙[1]。而走入国际时尚圈的日本设计师，无不是以对东方传统服饰元素的挖掘为开始。结构工艺本无专利可言，我们更应该反思的是自己对传统服饰元素的态度与行动。当我在2012年对传统马面裙进行改造时，曾经被一些唯出土文物为优越的保守派人物指责为"妄图改良"。而今回头再看迪奥事件，其实是我们自己做得太少，只有将传统服饰传承与发扬光大才是对其最好的保护。

图13　明代马面裙

图14　绣花超短马面裙汉元素时装设计应用

1　贾玺增：《中国服装史》，东华大学出版社，2020，第339页。

绣花超短马面裙是汉元素时装的作品之一（图14）。它保留了传统马面裙的结构而缩短裙长，裙腰采用简约设计，以带状绣花代替了传统裙襴视觉效果。其中，黑色最为经典，有时装小黑裙的意味，销售量占比最大。

七、文化自信与创新设计

明代服饰文化是中国传统服饰文化中光辉灿烂的一章。我们的传统服饰文化经历了漫长的发展过程，自商周时代起，随着统一国家的不断扩大，形成了基础的服饰文化。自汉、唐、宋、明时代民族交流和国际交流以来，汉民族服饰文化不仅深深影响着各少数民族服饰，也与东亚、东南亚、中亚地区众多国家和民族的服饰文化有着深厚的渊源。同时，汉民族服饰也借鉴与吸收了不少其他民族服饰的结构设计、装饰工艺。作为一个拥有数千年不间断历史的民族，汉民族拥有着世界上极为丰富的服饰文化。

各民族传统服饰文化是现代服装专业的基础，传统服饰发展历史就是不断探索发展形成现代服装专业体系的过程，明代服饰史同样是发展实践史的一部分，不应该将传统与现代割裂成所谓的东西方文化差别。传统服饰和现代时尚服装一样有其审美流派、整体造型、工艺细节、材料组织、色彩设计的具体特征。传统服饰文化的刺绣、印染、绘制工艺以及省道分割拼接，褶裥和镶嵌等结构仍在现代服饰设计中广泛应用。

传统服饰文物是服饰文化宝库中的宝藏，其外部廓形、纺织品组织纹样、裁片结构、装饰工艺等角度都是值得研究创新的起点，更应该找出时代特征加以开发。我们在研究传统服饰之初就提出"推陈出新""基因传承"的理念，创新应立足于历史文物而不同于历史文物，尽可能将文物制作技术与风格用于时代题材的新设计，既富有历史感，又闪耀时代的光彩。

参考文献

[1] 沈从文 . 中国古代服饰研究 [M]. 北京：商务印书馆，2011: 226-228.

[2] 中国社会科学院考古研究所，定陵博物馆，北京市文物工作队 . 定陵 [M]. 北京：
    文物出版社，1990.

[3] 刘若琳 . 服装设计经典作品赏析 [M]. 北京：化学工业出版社，2015: 28-30.

[4] 粘碧华 . 传统刺绣针法集萃 [M]. 郑州：河南科学技术出版社，2017: 130.

[5] 万芳 . 考古所见晋唐时期间裙研究 [J]. 考古与文物，2010(2): 90-95.

[6] 阎玉山 . 我国古代的裳和裙 [M]. 北京：中华书局，1992: 54.

[7] 福建省博物馆 . 福州南宋黄昇墓 [M]. 北京：文物出版社，1982: 111-127.

明清文官补的异与同——兼探清华大学艺术博物馆藏清代文官补

高文静[1]

摘　要：明清时期出现的补服是服饰与礼制交融的产物，是封建礼仪制度在服饰上的典型代表。本文在立足实物的基础上结合文献资料及祖先画像等展开研究，清代的实物主要以清华大学艺术博物馆馆藏为主，展开对文官补的介绍分析与对比，以期更深入地探讨明清时期文官补子在形制及装饰技法手法上的共同及差异之处。

关键词：明代文官补；清代文官补；补子文化；装饰手法

在传统服饰文化中，纹样及色彩作为服饰最主要的语言，和礼制的关联是十分紧密的。唐代开始便有以动物纹来区别官员等级的情况。清人沈自南《艺林汇考》道："武德元年，高祖昭其诸卫将军，每至十月一日，皆服缺胯袄子，织成紫瑞兽袄子。左右武卫将军服豹文袄子，左右翊卫将军服瑞鹰文袄子，其七品以上陪位散员官等皆服绿无文绫袄子"，沈自南认为以动物纹来区分官员品阶的做法来源于此，并认为"至今不易其制"。[1]

一、补子的历史渊源

《说文解字》对于"补"的解释为"完衣也"，意为将残损的服饰修补好，这和明后期形成的专指服饰补子的名词是有差异的。"胸背"一词与"补子"有紧密关联，补子是在胸背的基

1　高文静，清华大学艺术博物馆，研究方向为传统织绣实物与博物馆学。

础上发展而来的。赵丰先生认为"胸背"源自金代。"胸背"一词最早可见于元代文献，在《通制条格》中："……胸背龙儿的段子织呵，不碍事，教织者。"[2]清人刘廷玑《在园杂志》则曰："胸背即补子也，如妇人之首饰曰头面，半臂窄衣曰背心，不然则补子二字，所取何意？"[3]由此可见，清人刘廷玑认为"胸背"即"补子"。王渊则认为胸背的范围要比补子更广泛，属于补子概念形成中的一种有着部分功能性对应的装饰。补子不同于胸背，胸背不同身份的人均可使用。明代文献中，"花样"也指官员的"补子"，而以"补子"之名指代官服花样则见于明代后期的文献中，在《明官史》中："……凡司礼监掌印、秉笔，及乾清宫管事之耆旧有劳者，皆得赐坐蟒补，次则斗牛补，又次俱麒麟补……"[4]花样是一个更为广泛的称谓，不单指代补子，还包含衣服上的其他装饰。"补子"一词，包含官员品阶补及节日使用的应景补。所谓"补子"，很可能是因其缝缀于服上而得名，"补"是制作官服的一种工艺手法。[5]补子一词是明后期出现的，明代权臣严嵩的抄家目录《天水冰山录》中，可见"一刻丝画补""刻丝蟒鹤补二十四副"，[6]这些都印证了在万历年间，单独的补子已经逐步出现。

补子为何会从通身织造逐步转变为补缀形式，不难想在使用过程中，人们逐步发现通身织造的补服不仅技术难度大，如果补子局部有所损坏或者变动，整件服装便难以再用。而补缀的形式则可以很好地完善这个问题，还能更便捷地使用各类绣法进行装饰，丰富装饰层次。从实用主义的角度出发，以补缀形式出现的补服，不仅方便更换，而且更为节俭，即便有所损坏或者变动，也不用重新制作整个服饰，符合古人"物尽其用"的惜物之情。从美观程度而言，以补缀形式出现的补子可选择的装饰方式更为多样，装饰层次更为丰富。

二、明清文官补子简述及异同对比

（一）明代文官补子简述

本文重点探讨的是明清两代文官的补子。明代在洪武二十六年（1393年），规定了官员身份标识的胸背纹样，其中"文官一品二品，仙鹤锦鸡。三品四品，孔雀云雁。五品，白鹇。六品七品，鹭鸶鸂鶒。八品九品，黄鹂鹌鹑练鹊。风宪官用獬豸。"[7]

根据《大明会典》万历十五年（1587年）刊本（图1）可知，明万历年间的文

图1 《大明会典》(228卷，北京内府刊本，万历十五年)，哈佛燕京图书馆藏

官补子多以双禽鸟为主体纹饰，禽鸟造型十分舒朗且搭配形式多样，四周辅助纹样丰富多变，有遍地云纹、山石花卉、竹菊杂宝、柳树草地等。图中一品仙鹤纹样为喜相逢的造型样式，两只仙鹤一上一下遨游于天际并回首和鸣，四周遍布"壬字形"云纹，完美凸显了仙鹤的优美姿态。实物如孔子博物馆藏蓝色暗花绉纱缀仙鹤方补袍，此袍以蓝色暗花纱为地，暗花纹为如意云纹及小朵花纹，衣身前胸和后背各缀有云鹤纹方补（图2）。此补以五彩丝线绣制主体纹样，并以盘金绣勾勒纹饰缘边，主体的仙鹤纹呈喜相逢样式，其双翅部分区域采取孔雀羽线绣制，十分具有立体感，双鹤口衔灵芝，有延年益寿之意，底纹主要由连云纹构成，方形外框部分仅以盘金绣勾勒，十分纤细简洁。二品文官补，两只锦鸡的纹样造型各异，两者均伫足于两座山石之上，一只山石偏低，一只山石偏高，站立于高处的锦鸡身躯前倾，抬首望向另一只锦鸡，两者似有交流之态，其周围环绕牡丹及草叶纹，整体呈现出一番生机盎然的景象；从青州博物馆藏赵秉忠（1573—1626年）画像轴（图3）中可以看出，其前胸补为锦鸡纹，整体以金为地，施双锦鸡纹，辅助纹样则以祥云为主。三品孔雀纹的布局也为两只孔雀一上一下排布，下方的孔雀站立于山石之上，上方的孔雀飞翔于天际并回首看向下方的孔雀。右边的太湖石上牡丹花盛放，左边的池塘中莲花盛开。在南京博物院藏舒时贞绘徐如珂画像中（图4），可以很清楚地看到，其前胸补以金线铺地，主体纹样为一对孔雀纹，其辅助纹样以祥云和海水山石为主，实物可参见泰州市博物馆藏三品孔雀补服，补子以平纹绢为地，采用平针、戗针、套针、刻鳞、衣线绣等针法刺绣出孔雀纹样，呈现出刺绣技法的高超。四品的云雁则是一只飞翔天际，一只站在山坡之上昂首望向上方的云雁，四周祥云环绕、芦苇轻曳。五品为白鹇，两只白鹇一只驻足于山崖之上，一只站立于山石之上，两者呈现出平行线式构图。山石上有火珠纹及银锭纹，右边装饰有竹叶纹，左边装饰有菊花纹。六品的鹭鸶补则勾勒出三只鹭鸶，两只在池塘中，一只作捕食状，另一只昂首望向天空中飞翔的鹭鸶，池塘中荷花绽放，芦苇飘荡，实物可参见上海松江区河南府推官诸纯臣墓出土的鹭鸶补。七品则描绘出两只鸂鶒，一只在池塘中戏水，一只伫立于山石之上，四周荷叶连连。八品纹样描绘出两只黄鹂，一只翱飞于天际，一只站立于柳树之上，远处山石零落布置，天际祥云满布。九品的纹样则为鹌鹑，只见两只鹌鹑布置于山坡之上，草叶茂盛，一只鹌鹑低头捕食，一只则伫立在旁回首，山石旁布有菊花、草叶，天空中饰有祥云。

图 2　蓝色暗花纱缀仙鹤方补袍及局部图，
孔子博物馆藏

图 3　（明）《赵秉忠画像轴》，青州博物馆藏　图 4　（明）舒时贞绘《司空念阳徐公像》，
南京博物院藏

（二）清代文官补子简述及馆藏实物探微

清朝的官服虽对前朝官服进行了改制具有满族特色，但官补制度却基本沿袭了前朝，在继承和改制的前提下于乾隆年间定型。乾隆二十四年（1759年），《皇朝礼器图式》对官员补子的使用规定如下："文一品补服，色用石青，前后绣鹤。文二品补服，色用石青，前后绣锦鸡。文三品补服，色用石青，前后绣孔雀。文四品补服，色用石青，前后绣雁。文五品补服，色用石青，前后绣白鹇。文六品补服，色用石青，前后绣鹭鸶。文七品补服，色用石青，前后绣鸂鶒。文八品补服，色用石青，前后绣鹌鹑。文九品补服，色用石青，前后绣练鹊。"[8]清代补服也称补褂，为对襟样式，故前胸补通常被裁切为对开两片，而后背补则为完整的一块，多是在织或绣好后缝缀于补服之上的（图5）。

图5　石青芝麻纱地缀白鹇补官服及局部图，清华大学艺术博物馆藏

清华大学艺术博物馆所藏的清代文官一品至九品官补中可以发现清代文官补的重要装饰特征（表1）。

表1　清华大学艺术博物馆藏（部分）清代文官补信息表

图片	名称	年代	尺寸（cm）	纹样	缘边	主要装饰手法	备注
	青缎地平针绣仙鹤补子	清	32.5×33	主体：仙鹤 辅助：祥云、红日、桃树、松树、五红蝠、灵芝、芍药、竹叶、杂宝、海水江崖纹	回字纹	缀珠绣、松针绣、套针绣、接线绣、打籽绣、盘金绣、钉线绣、扎针绣等	后背补4296
	缂丝锦鸡补子	清	35×36	主体：锦鸡 辅助：祥云、红日、牡丹花、灵芝、菊花、贝类、玉兰树、海水江崖纹	天华锦	平缂、搭梭、结缂、缂丝加画等	后背补2996
	青缎地平金补花孔雀补子	清	28×29	主体：孔雀 辅助：祥云、红日、满地柿蒂窠、蝙蝠、暗八仙、杂宝、竹叶、海水江崖纹	回字纹	平金绣、盘金绣、缀珠绣、钉线绣等	前胸补（中有开缝）4293
	缂丝加绘云雁补子	清	29.5×30.4	主体：云雁 辅助：祥云、红日、杂宝、暗八仙、佛八宝、玉兰、牡丹、万字、海水江崖纹	卍字纹	平缂、结缂、搭梭、缂丝加画等	后背补3009

（续表）

图片	名称	年代	尺寸（cm）	纹样	缘边	主要装饰手法	备注
	酱缎地平金绣白鹇补子	清	30.5×32.5	主体：白鹇 辅助：满地祥云、红日、杂宝、花卉海水江崖纹	蝠寿纹	平金绣、盘金绣、接线绣、套针绣等	后背补4029
	青地缂丝鹭鸶补子	清	30×32	主体：鹭鸶 辅助：祥云、红日、杂宝、红蝠、牡丹海水江崖纹	缠枝花	平缂、缂金、结缂等	后背补11440
	青缎地戗针绣鸂鶒补子	清	27.5×28	主体：鸂鶒 辅助：祥云、红日、芍药、灵芝、竹叶、菊花、水仙、寿桃、石榴花、红蝠、珊瑚、杂宝、海水江崖纹	以盘金绣双圈边	平针、套针、刻鳞针、打籽绣、接线绣等	后背补4292
	青缎地平针绣鹌鹑补子	清	28×30	主体：鹌鹑 辅助：祥云、红日、寿桃、水仙、牡丹、五蝠、海水江崖纹	无缘边	接线绣、平针绣、刻鳞针、戗针、铺针绣等	后背补11446
	盘金地打籽绣练鹊补子	清	28×29.2	主体：练鹊 辅助：祥云、红日、红蝠、佛八宝、水仙、海水江崖纹	回字纹边	满地盘金铺地、打籽绣、钉线绣、扎针绣等	后背补4142

图6　青缎地平针绣仙鹤补（局部）　清华大学艺术博物馆藏

青缎地平针绣仙鹤补子为文一品背补，以青色缎为地，采用缀珠绣、打籽绣、钉线绣和扎针绣等绣制主体的仙鹤，仙鹤回首张喙，朝向红日方向，一足伫立于海水江崖之上。画面的左、中、右均布置有山石，造型各异，左右偏高，中间低置于海水之上，配合波浪起伏的水花，两者共同营造出气势磅礴的氛围，烘托出仙鹤振翅的优雅沉稳，此补仙鹤身体部分采用米粒大小的珍珠钉缝而成（图6）。

青地纹缂丝锦鸡补子是清代二品文官背补，锦鸡昂首展翅，一足伫立于山石之上，山石绵延造型多样，海水江崖中可见菊花、贝壳等；左边有盛放的牡丹，右边有玉兰，天空中如意祥云中高悬一轮红日。青缎地平金补花孔雀补子是一件清代三品文官的前胸补，孔雀采用平金、钉线等绣法绣制而成，其一足伫立于山石之上，周围布满祥云、红日、八宝、花卉等，因大面积金线的使用，使得整幅画面光彩夺目，画中的红日采用珊瑚珠绣制而成，用料华贵。缂丝加绘云雁补子是一件清代四品文官的后背补，主体的云雁单足伫立于海水江崖之上，云雁四周满布杂宝纹样，海水的波浪中漂浮着佛八宝。酱缎地平金绣补花白鹇补子是一件清代五品文官的后背补，白鹇面向红日，单足伫立于海水江崖之上，海水的波涛中散落着花卉、如意、佛手等，祥云造型为小如意朵云样式，其间布置盘长、火轮、莲花等吉祥纹样。青地缂丝鹭鸶补子是一件清代六品文官的背补，鹭鸶单足伫立于海水江崖之上，其四周布置满祥云纹，祥云间布置各类吉祥纹样，并饰有两只红色蝙蝠与天齐平，取"洪福齐天"之意，其缘边以极简约的缠枝小花做装饰。青缎地戗针绣鸂鶒补子是一件清代七品文官的背补，鸂鶒昂首望向左上方的红日，双翅伸展，一足伫立于海水江崖之上，江崖部分的装饰分为三个部分，左边装饰芍药及灵芝，中间江崖耸立，菊花绽放，红蝠翩飞。海水波涛汹涌，与云纹相连，海水中布置有红珊瑚、玉如意等，于气势巍峨中显现吉庆。右边的山石上布置寿桃、水仙。五彩祥云中还飞有五只红蝠，取"五福自天来"之意。青缎地平针绣鹌鹑补子是清代八品文官的背补，鹌鹑造型稚拙小巧，单足伫立于海水江崖纸上，面向右上方的红日，空中祥云与五福交织，蝙蝠身上还以"王"字为饰，整体配色及造型充满民间意味且无缘边。盘金地打籽绣练鹊补子是一件清代九品文官背补，练鹊单足伫立于海水江崖之上，面向红日，四周祥云满布，祥云间布置佛八宝、红蝠等，补子缘边采用盘金绣回字纹。

（三）明代文官补与清代文官补的异与同

根据《大明会典》及《皇朝礼器图式》对于文官补子的描述及图示可知，明清两代文官一品至七品的主体纹样是相同的，有所差异的是文官八品及九品的纹样，明代文官八品的纹样为黄鹂，明代九品文官补子的纹样为鹌鹑，而清代文官八品的纹样为鹌鹑，九品的纹样为练鹊。分析对比文献资料与相关实物可知，明清时期一品至三品的禽鸟造型是比较好辨别，一品仙鹤的原型为丹顶鹤，无冠，头顶红色，多以弧线表示，颈部、腿部修长，其尾羽部的造型呈发散状。通过观察体态及红顶特征，便很容易辨别出。二品锦鸡纹最显著的特征便是两根长长的尾羽，其颈部的羽毛多呈现鱼鳞状。明清时期三品孔雀补均模拟自然界中雄性孔雀的特征，头部有羽毛，尾羽延伸成为羽屏，由紫、蓝、绿等色形成眼状斑，色泽绚丽华美，异常夺目。比较难分辨的是四品云雁、五品白鹇、六品鹭鸶、七品鸂鶒、八品鹌鹑。四品云雁造型无冠、身躯多有点线状装饰，尾羽呈扇形。四品云雁的造型与六品鹭鸶的造型有时不易辨别，鹭鸶通体白，长喙，头部有丝毛，尾羽呈扇形，两者最显著的区别是头部及喙部特征。白鹇羽尾部极长，呈屏风状，中间较长，有齿状边缘，两边次之，在飞翔时四散开来，特征十分显著。鸂鶒有冠羽，颈部羽毛分两层，弯曲若 S 形，尾羽呈扇形。明清时期鹌鹑虽代表不同官阶（明九品、清八品），但其造型相差不大，均无冠，尾短，通身被叶状羽毛所覆盖，呈现网格状特征。明代练鹊为杂职之补，头部有羽冠，长尾是其显著特征，但明代练鹊的尾羽造型与数量无固定模式，多为合并状。清代九品练鹊有冠羽，其最显著的特征是两根长尾，并且长尾末端有眼状斑纹，次尾纤细呈尖叶状。

明清两代文官一品至九品的补子构成除了主体纹样的差异之外，清代的文官补辅助纹样以海水江崖、红日、祥云为固定搭配，海水江崖的造型是其年代辨别的重要参考之一。海水江崖纹是由海水纹样和山石所构成的纹样，通常位于服饰的下摆位置及补子的下部，因海水还可称为"海潮"，而"潮"又与"朝"同音，故而有"升朝""朝堂"之意。江崖因山石造型重叠交错状若姜芽得名，江水和山崖合在一起取"江山永固"之意。海水江崖纹主要由"平水"和"立水"构成，"平水"指的是呈螺旋卷曲状的横向曲线，常常以多层重叠方式出现，以旋转的曲线及激荡的水花来模仿波涛汹涌的浪涛。"立水"是以并列的曲线或者直斜线构成，也有"水脚"之称。"海水江崖纹在明代龙袍上已有。至清代，海水江崖纹内容更加丰富，在龙袍上占据了更多的空间。"[9]在清代早期的海水江崖纹中主要是由"平水"来呈现，"立水"几乎未见或者十分矮短，清中期后"立水"高度逐渐增加，到了清晚期，构成"立水"纹的线条由弯曲的曲线演变为斜纹直线且倾斜角度呈现出降低态势，同期官补的海水江崖造型演变与服饰海水江崖的造型演变相近。

根据清华大学艺术博物馆所藏的文官补可以看到，其文官一品、二品、七品、八品的海水江崖造型样式偏清早期样式（表2），均以平水纹造型为主，一品用五彩祥云托衬出弯曲圆润的平水纹样，五彩祥云与立水样式做简单结合，立水华美充满变化及其平矮，几乎与云纹融为一体，不易察觉。文官二品的海水江崖纹部分布置了较多的山石，且山石线条硬朗，危峰耸立。平水穿插山石之中，立水纹与如意云相交织，分别出现在画面的左、中、右，中间最低，两端向中心区域汇集，所占面积较小，并与弯曲飞溅的水花走势相辅，呈现出风吹波涛荡山崖的恢弘之景。文官七品的海水部分主要由平水纹、如意云纹及水花纹样所构成，立水纹几乎未见，山石造型险峻高耸，凸显出山石的坚固。八品的海水造型虽也由平水纹和水花纹所构成，主体造型简单稚嫩，表达生动有趣，但从配色和工艺技法上而言均与其他三幅作品相去甚远，主要由化学染料制成的绣线绣成，色泽亮眼，造型稚趣，看得出是清末民间绣坊的作品，可见有时造型特征与实际年代并不相符，还需综合质地、配色、工艺等斟酌推断。

表2　清华大学艺术博物馆藏（部分）文官补海水江崖纹图示

图示	名称	备注
	青缎地平针绣仙鹤补子	文一品
	缂丝锦鸡补子	文二品
	青缎地戗针绣鸂鶒补子	文七品
	青缎地平针绣鹌鹑补子	文八品

　　文官三、四、五、六、九品补子的海水江崖部分均偏清晚期（表3），其"立水"纹样造型呈现斜直线造型且立水的高度几乎是平水的三倍。文三品的海水江崖造型以"立水"为主，平水呈现出扁平的造型，较为形式化，山石位于中心，两边以两组相同的弯曲波浪向中聚集，旁边各置有一旋涡状浪花，最边以两组弯曲波浪向外发散，平水与立水的交接处以如意云头相连接，整体图案十分对称且程式化。文四品的立水纹以斜直线的形式构成，山石两旁飞溅出水花，平水纹样均匀平缓。文五品的立水纹样由于采用平金银线绣制，呈现出绚丽的光晕，立水与平水交汇的地方以深、浅两种蓝色平绣底纹，以盘锦绣勾勒如意云头边线，整体色泽对比强烈，丽水纹样以盘金线绣制而成，线条粗细有别，呈现出丰富的纹样内容。文六品的立水纹样以斜直线构成，平水纹样塑造较为平缓，水中漂浮着杂宝纹样且较为概括，风格与文四品十分接近，但是纹样的细腻程度稍弱。文官九品的立水纹样以打籽绣和钉线绣相结合的方式构成，颜色过渡采用三蓝绣法，晕色自然。平水纹样塑造有平有急，水花纹样造型塑造多样，水浪中涌动着杂宝纹样，立水与平水的过渡区域以黄、红、蓝、绿等色彩搭配绣制，打籽绣针法紧密，并以白色线条钉针绣制缘边，虽为九品文官补，但整体纹样丰富，针法细密，为佳作。

表3 清华大学艺术博物馆藏（部分）文官补海水江崖纹图示

图示	名称	备注
	青缎地平金补花孔雀补子	文三品
	缂丝加绘云雁补子	文四品
	酱缎地平金补花白鹇补子	文五品
	青地缂丝鹭鸶补子	文六品
	盘金地打籽绣练鹊补子	文九品

通过分析对比可发现，明清两代文官补子差异较多，主要体现在款式、纹样、色彩工艺等方面，因为明代的补服形式主要为袍，清代主要为对襟褂，故而明代早中期官补多是直接织或绣在补服上且尺寸较大，在40厘米左右，多无缘边，补缀在补服上的补子有的中有接缝但不破缝，表面看着是由一片完整的前胸补和后背补所构成。清代补服因为是对襟，所以中有纽襻，前胸补需破开才可使用，故而前胸补常为两片式，后背补为完整的一块，尺寸30厘米左右，多有缘边。明代文官补多以双禽鸟形象出现且禽鸟的造型多样，生动有趣。辅助纹样也较为随意没有固定式样，少见红日，辅助纹样主要是为了烘托禽鸟的栖息场所而布置的纹样，如鹭鸶与荷花池的搭配，黄鹂与柳树的搭配，鹌鹑与草地的搭配；或纯粹以祥云为底，呈现主体的禽鸟造型，或加饰有花卉纹丰富结构，也有以简单的平水造型配合山石造型来呈现补子结构的，此类纹样应属于海水江崖纹的雏形，经过不断地发展变化至清代最终形成规格化造型样式。清代文官补子全部以单禽形象出现，主体纹样姿态相近，均展翅、单足伫立于海水江崖纹之上，面向红日。辅助纹样的搭配则更为丰富多样，有各式花卉，如暗八仙、佛八宝等纹样，暗含着对美好事物的期盼之情。色

彩上，明代崇尚红色系，清代崇尚青蓝色系，故而清代补服褂主要为石青色地。

　　所谓文禽武兽，禽鸟优雅，猛兽威武。古人通过对自然界的观察和总结归纳，按照不同禽鸟的姿态及其品行，赋予其拟人化的特征，使其与官员所应具备的品行道德相对应，形成文官补子的主体造型。在补子形成和发展过程中，人们不断地完善和优化其装饰纹样、手法及技法，从萌发到完善到成型至产生程式化表达，已然跨越了千载岁月。研究明清时期官补的形制变化与装饰的异同之处，能够使我们进一步了解当时人的礼制与服饰文化的紧密关联，更全面地了解补子的装饰手法及所蕴含的文化内涵，推动今人对补子装饰语言和手法的理解与淬炼，促进传统工艺美术的创新性表达。

参考文献

[1] 沈自南. 艺林汇考：服饰篇 [M]. 北京：中华书局，1988: 129.

[2] 赵丰. 蒙元胸背及其源流 [C] // 赵丰，尚刚. 丝绸之路与元代艺术国际学术讨论会论文集. 香港：艺纱堂服饰出版，2005: 143-158.

[3] 刘廷玑. 在园杂志 [M]. 北京：中华书局，2005: 15.

[4] 刘若愚，高士奇，顾炎武. 明宫史 金鳌退食笔记 昌平山水记 京东考古录 [M]. 北京：北京出版社，2018: 2.

[5] 王渊. 服装纹样中的等级制度——中国明清补服的形与制 [M]. 北京：中国纺织出版社，2016: 16.

[6] 佚名. 天水冰山录 [M] // 包铭新. 中国染织服装史文献导读. 上海：东华大学出版社，2006: 180.

[7] 李东阳，等. 大明会典：卷六十一 [M]. 扬州：广陵书社，1989: 1058.

[8] 允禄. 皇朝礼器图式：卷五冠服 [M]. 扬州：广陵书社，2004: 127-226.

[9] 李晓君. 清代龙袍的时代特征和文化意蕴 [M]. 上海：东华大学出版社，2014.

明代服饰之龙纹探析：形式美感与文化符号的交融

成磊[1]

摘　要： 明朝以其丰富的文化和艺术成就闻名于世，对中国社
会的各个方面都产生了深远的影响。明代是极其追求
礼制的朝代，明代服饰上设计了代表礼仪和等级的符
号标准图案。龙纹便是其中最具有代表性的图案。明
代的龙纹图案是一系列复杂的图案组合，这些图案不
仅是装饰元素，还蕴含着深刻的象征意义。本研究的
重点是龙纹在视觉上的语义构成、暗示和含义。从符
号学的角度对图像数据进行分析，涵盖了龙纹的视觉
美学、用途和文化意义。明代服饰中的龙纹图案包含
了中国传统的审美设计、文化信仰和传统礼仪习俗，
代表了中国文化的丰富历史和传承。

关键词： 明代服饰；龙纹图案；审美功能；语义功能

在明代服饰研究领域，龙纹是一种典型的装饰元素，具有
深厚的历史背景和文化意义。作为中国古代社会等级制度的象
征，龙纹在明代服饰中起着至关重要的作用，反映了当时的社
会、政治和审美价值观。龙在中国神话和文化中一直占有特殊
的地位。在中国民间传说中，龙被尊崇为强大而仁慈的生物，
与幸运、繁荣和保护有关。它们是皇权的象征，通常出现在明
朝皇帝和高级官员的艺术作品和服饰中。

明代服饰上的龙纹传达出一种权威感。它在视觉上代表
了穿着者与宫廷的联系以及社会地位。龙纹的复杂细节和工
艺展示了穿着者的财富、优雅以及制作这些服装的工匠的高

1　成磊，上海杉达学院讲师，研究方向为设计艺术理论与服饰设计。

超技艺。明代服饰上的龙纹经过精心安排，传达出特定的含义，唤起人们的敬畏和崇敬之情。龙纹在服装上的位置和排列遵循特定的设计原则，并非随意而为。明代服饰中龙纹的语义功能对于增进对中国传统设计文化的了解和培养文化价值观至关重要。

一、产品语言理论

格罗斯·约琛（Jochen Gros）提出的产品语言理论是一个概念模型，旨在理解产品设计的形式和沟通。该理论认为，产品既有实用功能（如人体工程学、经济和生态功能），也有形式和交流方面的功能，格罗斯将其称为"产品语言功能"[1]。

要运用产品语言理论分析明代服饰中龙纹的形式美感、指示功能和象征功能，可以首先确定具体的龙纹，并考察其颜色、形状和构成等物理特征。随后，研究人员可以运用格罗斯的理论，根据龙纹的形式美，如装饰目的或所产生的视觉效果，对龙纹进行分类。研究人员还可以探索龙纹的指示功能，研究龙纹是否具有指示社会地位或等级制度等功能性目的。最后，研究人员可以分析象征功能，探讨龙纹在明代文化中的象征意义及其与其他文化符号的关系。通过采用这种全面而细致的方法，研究人员可以更深入地了解龙纹在明代服饰设计中的作用和意义。

该理论区分了产品的形式美学功能和语义功能，前者可以不考虑产品的内容意义而直接观察，后者则涉及产品的含义和意义。格罗斯认为，产品语言研究应同时关注产品的形式和语义功能，以全面了解产品的交际可能性。在这一模型中，格罗斯将产品语言的具体对象细分为形式审美功能和语义功能，前者如形状、颜色、质地等，只需观察即可，无需考虑其内容意义，后者则涉及产品的意义和重要性。语义功能理论是一种通过分析产品的各种形式和语义来理解产品语言如何传达意义和价值的方法。

格罗斯和费舍尔提出的产品语言理论认为，产品（如一件衣服）既有实用功能（如保暖），也有形式或交流功能，其中包括形式美学功能（如衣服的形状和颜色）和语义功能（如设计背后的象征意义）。克劳斯·克里彭多夫（Klaus Krippendorff）提出了一种新的设计基础——"语义转向"，强调设计过程中的意义和交流。克里彭

1　JOCHEN G: *Reporting Progress through Product Language. Innovation*. 1984 年第 10 期。

多夫认为，图案设计不仅涉及形式和功能，还包括它们在人们生活中的意义。此书为研究人员提供了一种基于符号学的方法来分析图案设计的意义和价值。[1]利用这一理论，我们可以对明代服饰上的龙纹进行分析，以了解其不同的功能。结合产品语言理论，对龙纹的研究可分为三个部分：图案审美功能、指示功能和象征意义。

在中国文化中，龙是强大而吉祥的象征，通常与帝王、贵族和好运联系在一起。因此，明代顶级阶层服装上的龙纹图案象征着他们的崇高地位和权力。龙纹还向穿着者和观察者传递着威望和权威的信息。

在分析明代服饰上的龙纹时，重要的是要考虑背景和时代。例如，龙的图案可能是指神话中的生物及其特征。龙纹还可能表达了穿着者对佛教、道教的信仰，因为佛教、道教认为龙是能够升天的神物，是神仙的坐骑。

总之，语义功能理论可以帮助我们理解纹样的意蕴，明代服饰上的龙纹既有审美目的，也有语义目的，它传达了穿着者的崇高地位、权力和声望，还可能暗示了他们的信仰。

二、研究方法

本研究的资料主要来自孔子博物馆、山东博物馆、故宫博物院，以及各地出土的明代服饰文物，文献资料和历史人物画像。本研究共收集了121幅龙纹图案，分别属于明代不同时期的服饰。研究人员使用 NVivo 软件对这些图案的视觉特征进行了分析。研究采用了主题分析法，并对相关专家进行了访谈，以确定研究主题。

为了确保在后期研究中图案清晰可见，并尽量减少颜色和材料的影响，我们从收集到的数据中挑选出具有代表性的图案，并使用 Illustrate 软件绘制成线条图。

分析方法包括识别、分类和解释龙纹的视觉表现形式，重点关注这些图案中的构成元素。为了实现研究目标，我们选择了不同姿态的龙纹进行个案分析。此外，我们还建立了一个分析框架来分析这些龙形图案，从视觉构成的角度进行分析，特别是形式的功能美学。

美学功能可分为以下几类：①图案；②姿态；③图案布局；④色彩；⑤组合图案。组合图案在整个数据收集和分析过程中，记录研究结果非常重要，因此有必要建立一个视觉分析模板。

对这些数据进行可视化研究和分析是研究的第一步，也是至关重要的一步。使用 NVivo 软件对各种元素进行聚类分析，将其归类并促进后续的专题研究。审美形式、象征功能和指示功能都与龙纹的潜在含义有关。通过分析和研究，我们可以揭示明代服饰上龙纹的语义。

三、明代龙纹的形式美功能

在明朝，龙纹是皇室服饰的专用图案。在龙纹的复杂描绘中，龙头相对较大，头部呈方形，脸颊突出，并有长长的鹿角状突起。龙的眼睛睁得大大的，眉毛通常是连在一起的，一般由五个朝上的尖角组成。尖角的边缘又短又小，中间则又尖又细。龙嘴张开，舌头突出，牙齿外露，下颌较长。上颚肌肉发达，突出，像猪嘴。龙的鼻子通常呈如意形，向上弯曲。龙的腹部相对较厚，曲线优美，给人以有力的运动感。龙的身体呈现出翻转、盘绕、四肢交错等各种姿态。从腹部到尾部逐渐变细，尾部向上弯曲。有的龙尾自然弯曲，有的则从内侧向外弯曲。有的龙尾上有锯齿状花纹与龙鳍相连，营造出一种动态美感。龙爪的腿部形状粗壮，爪子锋利有力。龙爪呈现出抓握、行走和腾飞的姿态，与龙身的扭动相得益彰，给人一种威严、有力的印象。

明代龙纹的形象是中国历史上成熟的龙纹形象，龙纹传承自九种动物，分别象征着不同品质（图1）。明代李时珍《本草纲目·鳞部》中记载"龙者鳞虫之长。王符言其形有九似：头似驼，角似鹿，眼似兔，耳似牛，项似蛇，腹似蜃，鳞似鲤，爪似鹰，掌似虎，是也。其背有八十一鳞，具九九阳数。其声如戛铜盘。口旁有须髯，颔下有明珠，喉下有逆鳞。头上有博山，又名尺木，龙无尺木不能升天。呵气成云，既能变水，又能变火。"

明代的龙纹在服饰上形成了完整的风格化图案。王丽梅表示龙可分为不同的形式，如爬行龙、圆形龙、正面龙、站立龙、升龙、降龙等[1]。正面龙又称坐龙，其特点是龙头朝前，龙身盘绕，四肢对称分布，上下左右各一条。它一般绣在衣服的胸、背和袖子上。在明代，正面龙的龙面朝向正前方，合鬓直立，分为两股，向上飘动。鬓毛以三种不同的色调排列，由浅到深，逐渐加深，形成层次交融，既富于变化，又和谐统一。这种细致入微的技法被广泛运用于明代服饰的龙纹中，给人留

1　王丽梅：《明定陵出土丝织品纹样初探》，《故宫学刊》2012年第1期，第14页。

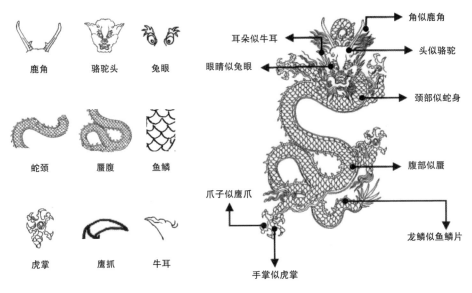

图 1　龙纹的九似分解图

下了深刻的印象。而站龙的特点是龙身垂直，头部侧向抬起，类似站立的姿势。它不同于坐龙和圆形龙等正面坐龙和蟠龙，常用于服装和檐篷的装饰镶边。升龙的特点是龙头在上，龙尾在下。而降龙纹则是龙尾在上，龙头在下，形似翻腾跳跃的姿态。据《明实录》记载，这些龙纹在明代被广泛用于织绣。爬行龙的特点是龙身侧卧，龙头上扬，龙尾直立，龙脚向下，看起来像是在奔跑或行走。子孙龙是皇室专用的图案，通常由大小不同的龙交织而成。大龙位于中央，周围盘绕着几条小龙。明代的团龙是一种典型的由云龙等图案组成的圆形龙纹。龙形图案盘绕在中心，周围是祥云组成的圆圈，形成一个统一的整体。云龙之间往往点缀有火珠、火焰、海水、江崖等元素。此外，还有单条龙形图案组成的圆形龙，常见于小型设计中。与正面龙相比，团龙的体形像蟒蛇，动态更加灵活，龙的脸部可以向前或向后。

四、明代龙纹的指示功能

明代的龙纹象征着朝廷的礼服和礼仪，其使用有严格的规定（表1）。据史料记载，明代的立龙一般用于衣服的边缘或前襟，形式多样。爬行龙通常左右对称，如《明实录》和《礼乐志》等文献所述，它们通常被编织或刺绣在衣服的袖襕和膝襕

表 1　各姿态龙纹图案的区别示意表

姿势	龙纹图案	线图	特点
升龙			龙头在上，龙尾在下
降龙			龙头在下，龙尾在上
站立龙			龙站着，由两只爪子支撑
团龙			图案为圆形外轮廓
正面龙			龙的正面

上。子孙龙常被用于皇室成员的服饰和用具上，在定陵出土的服饰中有部分子孙龙图案。从 NVivo 数据分析中可以得出，正面龙是皇帝专用的，而且常夸张头部。侧面龙可以用于其他皇室成员。

纳春英指出，明代的赐服制度最初出现在对内廷宦官和高级官员的赐服中，在此作为特殊奖励[1]。到了明代中期，随着社会的逐渐稳定，赐服制度进一步发展成为皇帝赐予有功官员和臣民的一种特殊荣誉。据《万历野获编》记载，蟒袍是最受欢迎的赐服之一。蟒纹是龙纹的一种变体，外形相似，但只有四爪而非龙的五爪。蟒纹的出现可追溯到明朝初期，到了明朝中后期，蟒袍逐渐成为赐予大臣和将领的象征。随着明朝的发展，越来越多的文武官员获得了皇帝特别赐予的蟒袍，这不仅是对他们个人成就和地位的认可，也体现了皇帝对臣民的尊重和褒奖。据《大明会典》记载，有十多位皇帝曾赐予蟒袍，其中最著名的是永乐皇帝和嘉靖皇帝。永乐皇帝"南巡"时，曾赐蟒袍数十件，奖励有功之臣。嘉靖皇帝在位期间，尤其崇尚蟒袍，大量赐予官员，并规定只有达到一定级别的官员才能获得蟒袍。

在明朝的赐服中，蟒袍的地位最高，其次是飞鱼袍。在明朝时期，官员和平民一般都不得穿飞鱼袍，即使是高级官员和贵族也要申请批准。直到明朝末年，二品大臣才被允许穿飞鱼袍，而斗牛袍的等级则低于飞鱼袍和蟒袍。斗牛最初与天象星座有关。这些由龙纹演变而来的图案是皇帝笼络大臣的手段。蟒袍、飞鱼袍、斗牛袍和龙纹之间的区别很微妙。[2]

明代的节日服饰和图案被称为"时令纹样"，是为宫廷生活增添色彩而创造的。这些服饰和图案随着季节和节日的变化而变化，形成了中国传统节日文化的一部分。"时令纹样的主题多种多样，往往从传统节日中提炼出来，并与季节变化相呼应，成为明代时令节气活动的一大特色"[2]。

明朝的宫廷贵族和普通百姓都非常重视季节的转换。在宫廷中，有根据季节变换服装和图案的习俗。明代官人刘若愚在《酌中志》一书中对明代的节日生活进行了详细描述，其中包括对季节性服装样式的详细介绍。根据《酌中志》的记载，从农历十二月二十四日灶神节的第二天开始，官人和官员们就穿上了"葫芦"图案的长袍和蟒袍。元宵节期间，人们会穿"灯笼"图案的长袍和蟒袍。从五月初一到

---

1 纳春英：《浅谈明朝的赐服形象》，《文史知识》2008 年第 1 期，第 4 页。
2 梁惠娥、张书华：《明代岁时节日服应景纹样艺术特征与影响因素》，《丝绸》2017 年第 4 期，第 79-86 页。

十三，人们会穿着艾草或老虎图案的长袍以及蟒袍。七夕节，女眷们会穿"鹊桥"花纹长袍，九月重阳节，女眷们穿"菊花"花纹长袍和蟒袍……每个节气对应一到两个时令图案，再随机搭配其他吉祥图案，尽显宫廷的奢华与隆重。从不同的龙纹图案中，人们可以判断出佩戴者的身份、季节和场合。这些图案是一种具有指示功能的语义设计语言。

五、明代龙纹的象征功能

龙是中国最重要、最神秘的文化形式之一。自诞生以来，它经历了几个发展阶段。根据不同历史学家和文化学者的研究成果，我们可以将中国龙文化的发展分为四个主要阶段。

第一个阶段是图腾崇拜阶段，出现在氏族社会早期。图腾崇拜是原始部落的一种宗教信仰，将某种动物或植物视为氏族的祖先或守护神。在中国，龙最初是伏羲氏的图腾，后来成为一个部落的象征和徽记[1]。第二个阶段是神灵崇拜，这是在向生产经济时代过渡时出现的。刘志雄指出，在这一时期，人类的认知结构发生了变化，从"人—动物—植物"的二元结构转变为"人—动物—植物—自然现象"的三元结构[2]。因此，图腾崇拜逐渐演变为神灵崇拜。这一阶段是由内部创新和变革推动的。第三个阶段是龙崇拜与皇帝崇拜的结合，这可以追溯到中国的秦汉时期。在此之前，各诸侯国各自为政，但秦朝统一了全国，并通过征服六国建立了高度集中的中央政权。第四阶段是印度龙崇拜与中国龙崇拜的结合：印度佛教艺术传入中国，对中国龙形象的演变产生了深远的影响。从汉晋到唐宋，龙的形象逐渐受到佛教艺术的影响。例如，在北魏时期的敦煌壁画中，虽然龙的腾飞姿态表现出一种动感，但仍然传达出一种宁静和安详的感觉，这种风格明显源自当代佛教艺术中的飞天形象。此外，在南北朝时期，龙的颈部和背部出现了"火焰光环"，这是受佛教艺术中的"火光环"（五佛冠之一）等装饰元素的影响。这种影响在唐宋时期更加明显。

总之，中国龙文化经历了四个主要发展阶段。这些阶段既相互联系，又相互区别。它们不是简单地相互替代，而是相互融合、相互积淀。虽然作为图腾的某些

---

1 郭沫若：《中国史稿（第一册）》，人民出版社，1976。
2 刘志雄、杨静荣：《龙与中国文化》，人民出版社，1992。

文化元素逐渐消失，但名称、符号和表征等功能性文化元素却保留了下来，并与后来的文化元素共存。帝王崇拜形成后，龙成为帝王的象征，并在宫廷中形成了龙文化。虽然不同时代的统治者都对民间使用龙的意象（尤其是黄色龙）进行了限制，但民间龙文化并没有消失，而是与宫廷龙文化共存。随着佛教龙王崇拜的传入，中国龙获得了多重象征意义，包括基本的图腾特征、一般的神性特征和帝王崇拜特征。

六、龙纹的语义功能

明代服饰上的龙纹形态各异，包括升龙、游龙等。我们将这些龙纹分为几种形式：飞龙、盘龙、直立龙、坐龙、升龙和降龙。这些龙纹是宫廷礼仪的象征。在中国古代，礼仪是通过象征性的礼物和仪式系统来表达的。根据传统礼仪研究，礼仪既有"实质"，也有"形式"。"形式"是指为表达意义而创造的符号系统，通常称为"礼"，属于"符号"的范畴。"实质"指的是仪式的基本规则，表示礼乐的象征意义，通常被称为"礼仪礼节"。美国著名人类学家克利福德·格尔茨（Clifford Geertz）指出，在仪式中，情感和动机与形而上学概念交织在一起，形成了一个民族的精神意识。[3]仪式构成了一个通过符号传递意义的完整体系。礼仪是人们表达情感、人生观、价值观的重要符号，是社会的表征或象征模式。因此，礼仪是理解一个民族精神意识的最好文本。[4]

礼是中国古代文化的重要组成部分，其核心概念是"德"或"道义"，而"德"或"道义"是通过各种象征性的表征表现出来的。古人将礼仪与人的情感和伦理原则联系起来，使礼仪符号代表仁义和德治。这就形成了"以符比德""以礼符治"的思维和解释模式。礼乐符号在古代礼制中逐渐抽象化、道德化，成为道德伦理的象征。礼乐符号所蕴含的深刻象征意义，正是各朝代思想框架中"德"的核心概念。中国古代礼乐构成了一个完整的意义传达系统或象征系统，通过象征手法建构了古代社会的伦理原则和价值规范。

政治秩序和规范的建立有赖于物的体现。君主的任务是建立规范，并利用器物来确定等级和地位的先后顺序，确保不同等级的人占据各自的位置。礼器作为周代礼制中重要的物质符号形式，是身份和地位的象征。不同等级的贵族使用的礼器在颜色和礼仪程序上都有严格的规定。英国著名人类学家维克多·特纳（Victor

Turner）在《象征之林》中将礼仪描述为一系列符号表征。[5] 他指出，仪式象征具有积极性、凝结性和象征的统一性等特征，这些特征为分析中国古代仪式的象征系统提供了深刻的视角。

朱元璋建立的服装制度标志着从"胡服"和习俗向恢复汉、唐、宋三代制度转变的开始。他认为，要构建一个区分身份、强调平等和权威的社会秩序，就必须建立严格的等级服装制度。他从即位之初就大力推动这一制度的实施，认为这是治理国家的当务之急。这一过程与政治制度的建立同步进行，从皇室、官员及其妻子开始，逐渐扩展到军队、平民、艺人、僧侣、农民、商人和其他各个社会阶层。法规经历了多次修改和完善。在范围上，该制度涵盖了服装、鞋袜、首饰、头饰、伞、面料、款式、尺寸、颜色等各个方面。可以说，在这一制度的精心设计过程中，人们付出了巨大的努力，不放过任何一个细节。

朱元璋对儒家以"衣"来划分社会等级、实现社会秩序稳定的理念有着深刻的理解。他将服装制度的建立视为明朝确定礼制、法规和法律的重要措施。终其一生，朱元璋"制礼乐，定法制，改衣冠，别章服，正纲常，明上下"[1]。

明朝皇帝的礼服沿袭了上衣下裳分离的传统样式。据《明史·舆服志》记载，洪武十六年（1383年）的样式是上衣黑色，下衣黄色。皇帝的常服是黄色圆领窄袖长袍，前胸、后背和两肩都有金色蟠龙图案，俗称"四圆龙袍"。明代强调龙纹是皇帝的专属纹饰，象征皇权。太子的常服也是"四龙袍"，但与皇帝服装的主要区别在于太子的袍子是红色而不是黄色。[6] 从 NVivo 数据分析中得出（表2），龙纹图案常用的色彩有黑色、红色、黄色、青色。这些颜色为中国古代的纯色，都是高级色。这些颜色与中国传统的五行也有一定的联系，而且这些颜色有高低等级之分。

君子之礼、礼之重，成为明代政治的重要思想基础。陈支平指出，明朝初期，太祖朱元璋非常重视儒家思想。[7] 在制定"大明律"时，他吸收了儒家的"仁"和"德"等概念，为官员确立了道德和行为标准。明朝中叶，朱熹提出程朱理学新儒学，强调君臣关系应以"道"而非个人利益为基础。这些思想为明朝的政治稳定与社会和谐提供了理论基础。在社会制度方面，儒家思想对明朝的封建社会产生了深远的影响。儒家思想强调父子、兄弟、夫妻、朋友等关系中的道德原则和义务，影响了明代社会的家庭和亲属观念。此外，明朝的社会等级制度也受到儒家思想的影

1　佚名：《明太祖实录：卷一百七十六》，台北"中央研究院"历史语言研究所，1962。

响。儒家思想强调君臣、父子、长幼等关系中的道德原则和义务，这些观念被广泛应用于明朝的官僚制度、家庭制度和地方社会制度中。

表2　龙纹图案的色彩

颜色	黑色	黄色	红色	青色
模式				
颜色				
特点	最高级别，用于祭祀仪式，帝王使用	黄龙袍的等级比黑底低，属于皇帝专用	比黄底低一级，皇帝和皇太子使用	比红底低一级，皇帝和皇室男性成员可以使用

明代服饰上的龙纹图案象征着对帝王和神灵的崇拜，同时也是明代宫廷礼仪的象征。这一符号的使用对等级和场合有详细的要求。这反映了中国古代的文化精髓，尤其是儒家思想，同时也体现了古代的等级制度。

七、结论

明代服饰上的龙纹不仅仅是装饰元素。它们具有深刻的语义功能，传递着文化意义、象征意义和权威感。这些图案展示了工匠的精湛工艺，反映了穿着者的社会地位。复杂的使用规则和严格的等级规定使龙纹成为明代宫廷礼仪的代表符号，这些都是中国古代文化的反映。龙纹在明代受到推崇，成为皇室专用的图案。从明朝到今天，龙纹一直受到人们的推崇和赞美，体现了明朝乃至整个中国文化经久不衰的传统。

参考文献

[1] KRIPPENDORFF K. The semantic turn: A new foundation for design[J]. Oxfordshire: Taylor&Francis, 2005.

[2] 张溟，毛奇龄 . 明武宗外纪 [M]. 北京：广文书局，1964.

[3] GEERTZ C. The interpretation of cultures[J]. Selected Essayes/Hutchinson, 1973.

[4] 王冠 . 论儒家礼乐文化的形成与构建及对当下的意义 [J]. 江苏社会科学，2016(5):141−146.

[5] [英] 维克多·特纳 . 象征之林：恩登布人仪式散论 [M]. 北京：商务印书馆，2006.

[6] 华梅，王春晓 . 服饰与伦理 [M]. 北京：中国时代经济出版社，2010.

[7] 陈支平 . 从世界发展史的视野重新认识明代历史 [J]. 学术月刊，2010，42(6):64−66.

明定陵曲水地鹤蚌花蝶纹绸女夹衣面料考

徐蔷[1]

摘　要： 明定陵孝靖后曲水地鹤蚌花蝶纹绸女夹衣面料织有一些稀见于明代丝绸的装饰纹样。文章通过分析该面料设计风格与纹样元素，归纳出一组图案和构图相近的出土和传世明代中晚期丝绸，并与相关的中日纺织品等进行历时和共时性比较，认为这批丝绸属于明代仿日本风格的丝绸，归纳其接纳和改造日本中近世纺织品纹样的规律、构图设计思路和织物用途，推测其织造目的或与万历朝鲜之役期间对日外交或宫廷表功相关联。

关键词： 明代；明定陵；丝绸图案；日本

　　明定陵出土的曲水地鹤蚌花蝶纹绸女夹衣（编号 J64）面料织有一些稀见于明代丝绸，但常见于日本中近世纺织品的图案，其产地和来源值得探讨。此丝绸残片的保存状况今未知，《定陵》收有纹样摹本。经与明代和日本相近时段的丝绸、陶瓷和绘画等图案设计相对比，可知这件摹本摹绘精当，细节丰富准确，具有很高的研究价值。此前，日本学者已经注意到东京高安寺所藏银襕袈裟所用面料与定陵残片在纹样上的相似性，[1]屈志仁和徐铮注意到美国费城艺术博物馆所藏一件明代经皮子与定陵残片纹样基本一致，[2]但未对其纹样源流和产地做更多探讨。经过一系列的对比，发现了更多图案、构图与定陵残片相近的传世丝绸，基本可以确定这批丝绸是明朝中晚期

1　徐蔷，东华大学服装与艺术设计学院博士研究生，研究方向为中日古代染织服饰史。

受日本影响生产的具有中日折中风格的产品。本文对此现象浅作分析，以期引起学界对明清丝绸纹样对域外纹样的吸收与传播诸话题的更多关注。

一、明定陵曲水地鹤蚌花蝶纹绸女夹衣面料及纹样

曲水地鹤蚌花蝶纹绸女夹衣（编号 J64）出土于明定陵孝靖后棺内。孝靖后王氏（1565—1611年）为明光宗生母，《明史》卷一百一十四记载，其于万历四十年（1612年）葬天寿山，明熹宗即位后迁葬定陵。定陵发掘后，发现孝靖后棺椁腐朽、倒塌程度最剧，应与埋葬较早且经过迁葬有关，夹衣 J64 是填塞棺内空间的 46 件夹衣之一，应于万历四十年初葬之时就已在孝靖后棺内，此为这件女服的最晚制织年代。引《定陵》对该夹衣出土情况和经纬密度等描述如下（表1）：

表1　曲水地鹤蚌花蝶纹绸女夹衣出土情况信息表

器号	名称	经纬密度	衣里		出土位置	备注
			质料	经纬密度		
J64	曲水地鹤蚌花蝶纹绸女夹衣	40/30	绢	38/20	孝靖后棺内	已残

可知这件女夹衣为不同的面料和里料缝制。面料为曲水地鹤蚌花蝶纹绸，平纹暗花织物，经纬密度为40×30根/厘米；里料为经纬密度38×20根/厘米的平纹绢。《定陵》对该夹衣面料图案（图1A）描述如下[1]：

曲水地鹤蚌花蝶纹1件。J64，在"万"字曲水地上饰有三只头向相对的团鹤和蚌壳、海螺、水草、花、竹、蝴蝶纹；另有折扇纹，两扇一开一合，打开者扇面饰兰花纹；又有一组由两个六角形及骰子形体组成；再有两个鸭蛋形纹，其中一个内饰兰花龟背纹，一个内饰小花菱形纹。

根据以上描述，将其纹样分解如图1B。其图案为地部万字曲水纹加花部纹样散点式设计，花部没有主纹和辅纹之分。本文对于此残片图案的分析均基于《定陵》提供的摹本。此摹本对纹样细节有很细致的观察和描绘，可供与同时期中日纺织品纹样做对比的细节丰富，可认为是反映了原件的面貌。

1　中国社会科学院考古研究所、定陵博物馆、北京市文物工作队：《定陵（上）》，文物出版社，1990。

图1A　J64 曲水地鹤蚌花蝶
纹绸图案摹本(《定陵》)

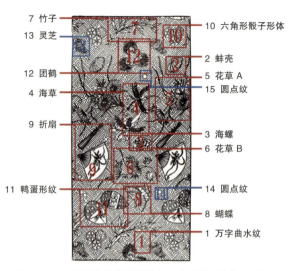

7 竹子
13 灵芝
12 团鹤
4 海草
9 折扇
11 鸭蛋形纹

10 六角形骰子形体
2 蚌壳
5 花草 A
15 圆点纹
3 海螺
6 花草 B
14 圆点纹
8 蝴蝶
1 万字曲水纹

图1B　J64 曲水地鹤蚌花蝶纹绸图案分解图(《定陵》)

其地部纹样万字曲水纹，目前所见较早的实物是江苏金坛南宋墓和西夏陵区
138 号墓出土的工字纹绫。[3]定陵出土了一批万字曲水作地纹的丝绸，花部纹样基
本为散点式分布的折枝花、四合如意云或各种杂宝纹，可知万字曲水地纹和此类构
图在明中后期已十分常见。

与大约同时期的中日纺织品、陶瓷、漆器等图案做历时和共时性比较，可将其
花部纹样主要分为四类。第一类是明代丝绸的常见纹样，包括折枝竹、蝴蝶纹等；
第二类是日本中近世纺织品的常见纹样，包括蚌壳纹和三龟甲纹(《定陵》称为六
角形及骰子形体)；第三类是受日本中近世纺织品和器物纹样影响的图案设计，包
括三团鹤纹和开、合折扇纹等；第四类为不明纹样，包括鸭蛋形纹、圆点纹等，其
中单独和成双的圆点纹对分析此类丝绸构图具有特殊价值。

在这些图案中，第二至四类反映了明代中后期可能存在的中日之间丝绸纹样的
交流与互动，也有助于分析定陵残片的产地，尤其值得注意。定陵残片施于明代
宫廷女装，说明其具有较高的等级，或较时新的样式，通过特定渠道制织并裁剪为
内命妇服饰，很可能承载有一定的礼仪和文化意涵，反映了特殊的历史背景。

二、纹样相似的一批传世丝绸

经过一系列比对，到目前为止，发现至少存在5件与定陵残片纹样相似的传世丝绸，分别为：①褐色地双层锦，为美国费城艺术博物馆所藏明代经皮子，上贴题签"宋高僧传卷第十七"（编号1940-4-197，图2）；北京艺术博物馆藏明代经皮子②大红地芙蓉海螺双层锦（图3）和③木红地折枝花卉杂宝两色缎（图4）；④东京高安寺所藏银襕袈裟面料（图5）；以及⑤泉州海上丝绸之路博物馆所藏黄地凤鸟花卉杂宝纹刺绣（编号M2-I5039，图6）。

其中①和④的图案设计与定陵曲水地鹤蚌花蝶纹绸最为相似，而①、②和③则有相近的来源。费城艺术博物馆于1940年入藏了超过五百件卡尔·舒斯特（Carl Schuster）旧藏的经皮子，大部分织造或绣制的年代约在16世纪后半叶至17世纪初，其中有许多原属万历时期重刊的《永乐北藏》裱封丝绸，丝绸来源除了官营作坊，还有一部分可能由于晚期内廷府库不足，拼凑自服装零料。[2]北京艺术博物馆收藏的明代佛经裱封丝绸大多为正统到万历时期的大藏经经封和经套，沈从文先生研究认为，这些品种丰富、花样繁多的丝绸属明代皇室库存之物。[4]以上两批经皮子的很大一部分在年代上与定陵出土丝绸一致，来源也同属明代宫廷，有对照研究的价值。同时，泉州海上丝绸之路博物馆收藏有一件从海外藏家处购得且纹样相近的刺绣，推测为明代中晚期制作的外销品，现置入同一序列探讨。

而④东京高安寺所藏银襕袈裟面料，则很可能是在明万历年间就已传入日本的重要传世丝绸。这件袈裟的背衬面料留有墨书："贞利四戊子岁仲秋吉旦，源大将尊氏纳焉"。源大将尊氏即足利尊氏（1305—1358年），贞利四年即1348年。日本学者已经注意到这件袈裟的主要面料与定陵残片在图案上的相似性，其与背衬可能为不同时期的产物，并推测可能是在海云良鲸（1578—1608年任住持）在寺期间重新缝缀组合在一起的。从织造技艺上看，这件织银锦的地组织为五枚缎，以Z捻地经固结多彩丝线纹纬和片银线，地纬与纹纬之比为2:1，符合明代金银襕的技术特征。而日本本土织造金银襕则在明末至明清之交，从中国引入大花楼机之后，因此基本可认为是明朝的输入品。

此外，美国大都会艺术博物馆收藏有一件小袖，称为⑥州浜贝尽纹小袖（编号1992.253，图7），平纹起暗花丝绸面料图案为曲水纹和上下错排的两组折枝花，其一把莲与折枝梅的造型为典型的明中后期设计，于暗花纹样轮廓处贴金褶箔，并加

图2　褐色地双层锦，美国费城艺术博物馆藏

图3　大红地芙蓉海螺双层锦（《北京艺术博物馆藏明代大藏经丝绸装裱封研究》）

图4　木红地折枝花卉杂宝两色缎（《北京艺术博物馆藏明代大藏经丝绸装裱封研究》）

图5　银襴袈裟（《［染］と［織］の肖像—日本と韓国・守り伝えられた染織品》）

图6　黄地凤鸟花卉杂宝纹刺绣，泉州海上丝绸之路博物馆藏

海草与多种贝壳纹刺绣，与定陵残片贝壳纹相似，是典型的以明清出口丝绸在日加工的精美小袖。制作年代在相关出版物中一般记作17世纪初或17世纪，考虑其与定陵残片年代相近，可列为重要的参考对象。

图7　州浜贝尽纹小袖及局部，美国大都会艺术博物馆藏

三、明定陵曲水地鹤蚌花蝶纹绸稀见纹样探究

定陵残片所使用的纹样稀见于明代丝绸，但常见于日本中近世纺织品的纹样题材，主要包括动物纹、器物或杂宝纹。其中，动物纹主要有三团鹤纹、蚌壳纹和海螺纹；器物或杂宝纹主要有龟甲纹和两种折扇纹。从图案类型来看，明代中晚期丝绸所见日本中近世风格的单独图案主要包括"三向纹"和"贝尽纹"，受日本影响的图案主要为折扇纹。以下依次分析。

（一）三团鹤纹
三团鹤纹亦见于①褐色地双层锦和④东京高安寺所藏银襕袈裟面料（图8）。团

图8　三团鹤纹

鹤造型洗练，高度图案化，两翼上扬，尾羽较短，脖颈弯曲，省略了足部，共有头部向内和向外两种品字形排列方式。图案化程度高于定陵和明代其他纺织品所见鹤纹，单位元素以"三"为一组的组合形式也异于其他明代纺织品图案。

值得注意的是，明代纺织品所见鹤纹多为写实程度较高的翔鹤或立鹤纹，但定陵所出土的织金妆花奔兔纱（文物号W96）织有一种高度图案化的团鹤纹，将鹤与云纹限制在圆形轮廓内作适合性设计，尾羽简省，鹤足翻折向下，其在面料上的适应性改动很可能是为了与经向上二二错排的阴阳无极纹的圆形外廓上下呼应，但也说明了明代丝绸设计具备高度简化图案的能力。

日本目前所见最早的三团鹤纹，见于鹤冈八幡宫所藏、传为龟山上皇（1249—1305年）所献的御神服小袿，省去了鹤足，鹤颈上仰，圆形外廓内两鹤相对而飞，三枚团鹤纹呈品字形排列（图9A）。[5] 日本16至17世纪前后开始流行一种高度图案化的团鹤纹，称为"鹤丸"，如一件1603年制作的刺绣小袖、[1] 17世纪初的小袖屏风[1]和金春座传来能装束上绣或织的团鹤（图9B-D），造型特点均为两翼上扬、省略鹤足。

三团鹤纹与后文所述三龟甲纹同属"三向纹"，此类图案构图，日本汉字表记为"三盛"，指同一设计元素三次重复排列形成的纹样，可围绕旋转中心重复排列，或上下呈品字形排列。日本自平安时代晚期至中世以来流行"三向巴（三つ巴）"纹。受三向巴纹和佛教三宝珠纹的排列形式等影响，室町时代后期大量三向纹趋于定型，如三藤花、三竹叶和三叶葵纹等，常用作家纹（family crest），也常见于能装束等织绣服饰（图10）。

1　国立历史民俗博物馆：《近世きもの万华镜——小袖屏风展》，朝日新闻社，1994。

A 小袿　　　　　B 刺绣小袖残片　　　　C 小袖屏风　　　　D 能装束

图9　日本中近世染织品所见团鹤纹

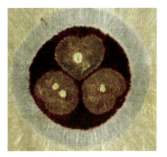

图10　日本中近世染织品所见"三向纹"，东京国立博物馆、德川美术馆藏

　　由此可知，明代丝绸所见三团鹤纹中的团鹤造型主要取自日本中近世纺织品流行的"鹤丸"纹，并经明代纺织工匠改造与提炼，造型更为简洁，在图案的组合方式上有意模仿了日本室町时代后期广为流行的"三向纹"式设计，营造某种异国之感。

（二）蚌壳纹

　　亦见于②大红地芙蓉海螺双层锦、④东京高安寺所藏银襕袈裟面料和⑥洲浜贝尽纹小袖（图11）。

　　此类蚌壳纹在日本16世纪至17世纪属纺织品常见图案（图12）。平安时代以来，日本纹样设计常有与水边、海岸有关的图形意象，包括水岸风景（荒矶、海赋、州浜）、张挂的渔网纹（網干）等。日本大和文华馆收藏的一件佚名《妇人像》[1]，女性身着16世纪典型的肩裾式小袖上即有与图11高度相似的蚌壳纹。以明代丝绸制

1　京都国立博物馆：《花洛のモード—きものの時代》，京都国立博物馆，1999。

作的⑥州浜贝尽纹小袖，也绣有与定陵残片蚌壳纹基本一致的蚌壳纹样。

（三）海螺纹

亦见于①褐色地双层锦和②大红地芙蓉海螺双层锦，包括中心向内卷曲、边缘呈锯齿状的海螺纹，形状细长、向上弯曲且长有水草的海螺纹，以及与明代法螺纹造型较为接近的海螺纹（图13）。

明代丝绸常见的海螺纹多为佛教八宝纹中的法螺纹，常以飘带环绕或与其他佛教吉祥纹样组合。定陵残片同时织有蚌壳和海螺纹，很可能是从日本同时期流行的"贝尽纹（貝尽し，意为多种多样的贝壳纹）"纺织品中析出了单独纹样并重新排列，属于对外来纹样的吸收与利用。但此类蚌壳和海螺纹未见于明中后期以降的丝绸，很可能其使用和流行的范围均十分有限，也并未对此后的纺织品设计产生影响。

日本中近世"贝尽纹"包括边缘呈锯齿状和形状细长的海螺纹（图14），且海螺纹四周常饰以简化的海草，与图13有一定相似之处，而明显区别于明代法螺纹。

（四）龟甲纹

定陵残片的三龟甲纹，亦见于①褐色地双层锦和④东京高安寺所藏银襕袈裟面料，此外还有一种见于②大红地芙蓉海螺双层锦的单龟甲纹（图15）。龟甲内多填多瓣小花，定陵残片三龟甲纹的填充图案最为复杂，包括六瓣小花、锁甲型龟甲纹和"三向菱"（三つ菱）型龟甲纹。值得注意的是，东京大学所藏明人绘嘉靖年间纪念表功的《倭寇图卷》[1]，倭寇服饰大量描绘有以上三种龟甲纹，且勾画十分细致。可知在一部分明人的认知中，龟甲纹是当时日本纺织品的常用纹样。

三龟甲纹常见于日本镰仓时代至江户时期，在近世初期十分流行，常用作家纹。如浅井长政画像上绘有服饰上的三龟甲家纹，能装束常刺绣或以纹纬换色织出三龟甲纹，六边形龟甲内常填以四瓣小花（图16）。

三龟甲纹约在明清之际与笔锭、磬、如意三种杂宝纹组合成"必定如意庆贺吉祥"等，但与其他杂宝纹相似的是四周基本均以飘带环绕，[6]可视作日本中近世纺织图案对明清丝绸产生有限影响的实例。

（五）折扇纹

折扇纹亦见于①褐色地双层锦、③木红地折枝花卉杂宝两色缎和⑤黄地凤鸟花

1　须田牧子、彭浩：《〈倭寇图卷〉再考》，《中国国家博物馆院刊》2011年第2期，第34—46页。

图11　蚌壳纹

图12　日本中近世纺织服饰所见蚌壳纹

图13　海螺纹

图14　日本近世纺织品所见海螺纹，东京国立博物馆藏

图15　龟甲纹

卉杂宝纹刺绣，包括张开和收束的两把折扇组合的形式，以及单独一把张开的折扇纹（图17）。其中，开、合组合型折扇纹的图案十分精细，可知扇骨有大边和小骨之分，且为"和尚头"式聚头扇，扇面图案包括折枝花和湖石、修竹和花卉。

明中后期，折扇已为士夫群体熟知，并陪葬入宗室墓葬。如万历年间的明墓上海宝山区顾家村朱守诚墓随葬的23把折扇，其中有许多属"和尚头"式；开具于万历二十一年（1593年）的益藩罗川王族墓"成造殓衣数目"帐载："金扇一把"。目前研究认为明墓所出的贴金折扇均为明朝生产，工艺精湛且已相当普及[7]。

日本同一时期的纺织品也流行折扇纹，但扇骨与明代折扇有明显区别，均为方头或椭圆头的直式扇骨，大边与小骨的粗细区别不大（图18）。

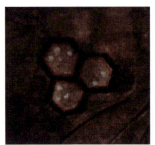

图16　日本近世初期三龟甲纹，东京国立博物馆藏

图17　折扇纹

图18　日本中近世纺织品所见折扇纹

　　明人李诩《戒庵老人漫笔》卷六日本妇饰条载："倭国妇人……服饰有扇子锦"，[8]李诩卒于万历二十一年（1593年），可知16世纪明人对日本纺织服饰纹样的认知包含折扇纹的流行。蝙蝠扇或倭扇，自宋代起就是日本输出中国的高档消费品。有明一代，折扇与漆器、刀剑和硫磺等同为日本输华的主要商品。晚明笔记如《长物志》对日本传来的陈设用品中的台几、香合和扇等也颇多赞许。明代折扇的本土化制造和普及、明人对折扇最初外来属性的熟识，以及对日本纺织品使用折扇纹的认知，共同促成其最终在明代成为一种受外来影响的纺织品纹样。

　　日本京都国立博物馆藏前田家传来名物裂"变り文様入り石疊文様緞子"（文物号Ⅰ甲195）和东京国立博物馆藏名物裂"相阿弥緞子"（文物号TI-17），均织有张开的折扇，且以飘带环绕，并与多种杂宝纹组合。可知在明中晚期丝绸设计中，折扇纹已进入杂宝纹的系谱。

四、明定陵曲水地鹤蚌花蝶纹绸产地考

　　经上文分析，可知定陵残片的图案带有日本中世晚期至近世初期的设计元素，但问题在于，此面料是日本提供设计图稿并在明朝织造，或明朝设计并织造，还是在日本设计并织造，最终进入明代宫廷并成为孝靖后陪葬品的一部分？对此，须考察日本同期是否有能力织造此类丝绸。对于曲水纹地暗花丝绸在明清时代中日两国的生产和贸易，有相当丰富的材料可供探讨。

　　近世初期在日本染织史上极为重要，这一时段日本染织技术和纹样设计均有飞跃式的提升，形成了若干种极具民族特色的特殊工艺和丝绸纹样设计方式：在织田信长和丰臣秀吉相继称霸的安土桃山时代（1568—1603年，对应明朝隆庆至万历年间），华丽的贴金银技术盛行，称为"折箔"，大块面的刺绣与贴金银合称"缝箔"，并诞生了一种流行时间短但富有时代特色的绞染并施手绘的染色工艺，称为"辻が花染め"；此后，用糯米粉制作防染糊可以绘制极为精细且流转自如的线条，从而可以精确分区染色或在深色地上染出清晰的白色线条。在设计领域，出身著名吴服屋"雁金屋"的尾形光琳（1658—1716年）创造了称为"光琳模样"的纹样，从此以小袖为主的近世服装在设计意匠上更接近自然的美学，防染和手绘技术结合的友禅染也在17世纪据传由画师宫崎友禅斋创制，最终达到日本近世纺织品染绘工艺的顶峰。

与这些新技术和新设计同步，一件奢华服饰往往同时具备刺绣、贴金、绞染、糊染和友禅染等不同工艺，因此须由称为"悉皆屋"的中介组织取得订单之后再分配面料、联系染绣工坊、合力制作并最终交付雇主[9]。在此背景下，大量本色暗花纱、绫、绸、缎从中国贩至日本，以便进一步精加工，制成服饰，获取更高利润。近世以来，这些暗花绸、绫被称为"纶子"，素缎和暗花缎称为"繻子"。喜田川守贞于天保八年（1837年）动笔写作、被誉为近世生活百科全书的《守贞谩稿》卷十九《织染》载："连续不断的万字（万字繫），京坂称为'纶子形'，江户称为'纱绫形'，是纶子和纱绫的专有纹样"。包括纱和绫在内的曲水纹暗花织物在明清时期大量输入日本，因其织造细腻、纹样典雅而广受喜爱，成为服饰精细加工的理想面料。在这些暗花类织物中，大量织有曲水地纹，因此，暗花织物上常见的曲水纹在市民町众间也有了约定俗成的名称：纱绫形。

　　日本从明清中国进口暗花类丝绸服饰面料的贸易持续时间很长。16世纪中国输出日本的货物大多数为绸缎等丝绸面料，到了17世纪前期即转以生丝为主，在日本形成"以异国之蚕"织"本朝之机"的情况。但从唐船贸易档案来看，日本正德元年（1711年，清康熙五十年）南京钟圣玉卯十五号船装载商品中包括大飞纹纱绫1057端、中飞纹纱绫188端、并纱绫291端，享保三年（1718年，清康熙五十七年）广东二十六号李赤贤、吴光业所载商品包括大飞纹纱绫1960端、中飞纹纱绫360端，[10]说明18世纪依然有大量"飞纹纱绫"搭载唐船输出日本。《隆光僧正日记》第三"宝永六年（1709年）十月十一日"条载有："飞纱绫一卷、绘一幅"。[8]飞纱绫之"飞"，指纹样以斜对角或上下间隔的形式排列（与围棋和纺织的飞数概念一致），飞纱绫或飞纹纱绫即纹样二二正排或错排，且织造密实的暗花类丝绸，"大飞、中飞"指纹样间隔的远近。

　　根据高木香奈子的研究，从目前已知情况来看，17世纪日本制作的早期友禅染全部使用进口自中国或朝鲜半岛的暗花面料"飞纱绫"，[11]绝非偶然，实因只有织造细腻的高档面料才能满足友禅染精细防染和手绘的工艺要求。从明清中国进口的暗花类丝绸在日本保留了大量传世实物，大多制作成小袖服装。如东京国立博物馆藏18世纪友禅染花卉纹小袖（编号I–3696，图19），[12]面料为白色地工字曲水纹折枝花暗花绸，经纬线为本色丝线，单根排列，均无明显捻度，经纬密度为每厘米55根和每厘米36根，组织结构为1/1平纹地上3/1斜纹显花，工字曲水纹地上织出两种折枝花卉纹，花卉上下倒转，二二错排。与定陵残片相比，经纬密度更大，

A 背面照片　　　　　　　　B 面料局部　　　　　　　C 组织显微放大照片

图19　友禅染花卉纹小袖(《锦绣世界：国际丝绸艺术精品集》)

但纹样排列更为疏朗。既然迟至18世纪初，暗花丝绸面料依然是中国输出日本的大宗商品，且为日本制作高档服饰的必需品之一，那么定陵所出土的16世纪末至17世纪初曲水纹地鹤蚌花蝶纹绸是室町晚期日本输出明朝产品的可能性就显得很低了。

此外，日本江户前期外来语导入的情况也能从侧面说明当时日本进口货物的贸易需求以及日本国内纺织品生产情况，如表示花缎的シュチン(汉字表记：繻珍·朱珍)和手绘或印花棉布サラサ(汉字表记：更纱)，均见于葡萄牙语源的外来语，[13]可见当时日本此类染织品的生产能力较低。

综合来看，直到江户前期，日本还不具备织造精细的暗花类丝织品的能力。江户中期元文三年(1738年)以后随着高机(空引机)从堺市和京都逐渐普及到关东地区，日本整体的织造水平较以往大幅提高，桐生、足利等地也开始织造暗花丝绸。[5]传世实物如日本女子美术大学美术馆收藏的18世纪枫树詠文字小袖(编号2205-0056)[14]和日本国立历史民俗博物馆藏江户中期白纶子地鸟字系模样绞缝小袖[1]，所用面料分别为日本本地设计生产的绿色地麻之叶桐纹暗花缎、白色地五三桐纹暗花缎。

清中叶赴日唐船数量受限并急遽下降，日本从中国进口的原料丝(包括生丝及染色后的色丝)和丝绸面料数量逐渐减少，但因织造精细、纹样丰富，直到江户末

1　国立历史民俗博物馆:《近世きもの万華鏡——小袖屏風展》，朝日新闻社，1994。

期还广受欢迎。[1]传世实物也保留了相当数量的清代中晚期输入，并在日本再染色或刺绣加工的暗花类丝绸。但作为服饰面料的主要来源，日本本土丝绸生产技术（包含桑蚕业和织造业）在江户中期以后快速发展，还出现了长滨和桐生等京都以外的纺织业发达地区。[15]由此，曲水地纹与花卉类上纹配合的暗花丝类绸大部分改在日本本地生产，花卉纹样的丰富性和精细度逐渐下降，成为程式化产品。如英国维多利亚与艾尔伯特博物馆（V&A博物馆）藏1780至1820年前后制作的白绫子地小袖（编号FE.19-1986），此种在暗花面料上彩绘或墨绘、并加丝线绒绣和钉金花卉与汉字的小袖服装设计，在江户中后期（18至19世纪）极为普遍，使用的面料大多为日本生产的经面五枚地上纬面五枚显花的暗花缎。

通过分析日本近世初期到江户中期的丝织业水平，以及对传世实物的对比研究，本文认为，定陵孝靖后棺内所发现的曲水地鹤蚌花蝶纹绸是16世纪末至17世纪初日本生产并输入明朝的可能性极低，极有可能为明代产品。

五、定陵曲水地鹤蚌花蝶纹绸的设计与应用

分析定陵残片以及与其纹样相似的其他五件丝绸，这些吸纳了日本中近世纺织品图案的明代丝绸，或可称为仿日本风格的明代丝绸，其整体构图包括：散点式，如定陵残片、①褐色地双层锦、③木红地折枝花卉杂宝两色缎，以及④东京高安寺所藏银襕袈裟面料；景象散点式，为⑤黄地凤鸟花卉杂宝纹刺绣，构图呈远景—中景—近景排列；缠枝花卉四周点缀散点排列的小型辅助纹样式，为②大红地芙蓉海螺双层锦。

或可从定陵残片始，进一步梳理这组丝绸内在的设计理路。定陵出土了一批万字曲水作地纹的丝绸，花部纹样基本为散点式分布的折枝花、四合如意云或各色杂宝纹，是明中后期丝绸的常见纹样和构图。定陵残片也以万字曲水纹作地，在三团鹤纹和折扇纹下方分别织有单独和成双的圆点纹。辽金时期肇生，至元代业已成熟的杂宝纹，其中的犀角、银锭、珊瑚、方胜等纹样成立之初，就常环绕以若干可能为珍珠的圆点；[16]明朝输出日本的名物裂，也有在方格内织入杂宝纹，而将圆点

---

1 刘序枫：《财税与贸易：日本"锁国"期间中日贸易之展开》，《财政与近代史论文集》1999年第6期，第298—300页。

纹单独织入四周方格的形式。[17]由此推测,这些圆点也许是从设计此暗花绸时参考的设计意匠母本上延续下来或忘记除去的,也许是作为三团鹤纹、折扇纹周围所环绕的珍珠而加上的,也许仅仅是为了填补纹样之间的空白而以与杂宝纹相似的设计手法添加的,即这件暗花绸的构图在一定程度上取自散点式的万字曲水地杂宝纹丝绸。

从对日本中近世纺织品图案使用的多寡来看,这组丝绸中仿日本风格最为突出的是定陵残片、①褐色双层锦和④高安寺银襕,使用的日本风格设计元素最多,且有吸纳和再创作的成分,若除这些异国元素,则此设计无法成立。其余三件仅在原有构图上穿插日本的风格设计元素,并无任何突兀之感,显得和谐而清新。

这六件丝绸中,有五件织或绣有明中后期流行的"一把莲"式组合植物纹。其中更有四种"一把莲"式植物纹所选用的主要花卉纹样为正视或侧视角、描摹简易的单瓣菊纹。明代菊纹多有花瓣卷曲的重瓣菊或写实程度较高的单瓣菊,高度一致的植物题材选择的背后,很可能是对日本中世以来图案化菊纹的有意模仿,或是基于了解日本人对其特为喜爱而有意作出选择。

在对纹样的拣选上,这六件丝绸也并无一定的题材规律。日本中世晚期至近世初期制作的胴服、小袖和能装束等,一件服饰往往仅以有限的主题纹样作为装饰,题旨分明,如"贝尽纹"常作为单独的装饰主题,有时与描绘海边风景的"州浜纹"组合;折扇纹或作单独的主题纹样,或与花叶纹或蝴蝶纹等组合。但文中论及的吸纳日本图案的明代丝绸并不讲求题材之间的内在联系或一致性,整体设计呈现明快清丽、杂而不乱和汉糅合的艺术效果。

以上六件丝绸品类丰富,包括暗花绸、两色缎、织银锦(银襕)、双层锦和刺绣;用途广泛,包括服饰、裱封面料和疑为外销品的完整刺绣。从其收藏和使用来看,包括等级极高的皇室妃嫔服饰所用面料,考虑北京艺术博物馆和费城艺术博物馆所藏明代大藏经经皮子与明朝宫廷库存的关系,三件佛经裱封丝绸很可能与定陵暗花绸存在相似的来源和最初的设计用途;高安寺袈裟所用银襕也极有可能为同一时期织造的与宫廷有关的产品,最终传入日本,成为高僧海云良鲸主持寺务期间(1578—1608年)用以替换足利尊氏于1348年奉纳的一件可能在当时业已残破的袈裟的主要面料。考虑足利尊氏身为室町幕府第一代征夷大将军和高安寺的开基者,以明朝宫廷传来的珍贵丝绸与留有足利尊氏相关墨书的内衬重新缝缀,对于高安寺来说也不失体面。

同时，考虑到定陵曲水地鹤蚌花蝶纹绸的经纬密度为每厘米40根和每厘米30根，组织结构为平纹地上斜纹显花，与17世纪至18世纪明清大量输出日本的暗花丝绸传世实物相符，织造目的可能与之类似，其同类产品或计划将以本色丝绸匹料的形式出口或作为外交礼物，可用作小袖等日常服饰面料，以便在日本国内进一步做精细染绣加工。

关于这批明代仿日本风格丝绸设计与生产的缘由，本文推测为万历朝鲜之役期间，尤其是万历二十一年（1593年）平壤大捷之后，明朝与日本和谈历时三年之久，双方反复遣使谈判之时，明朝设计织造的外交礼物；或丁酉倭乱平定之后为彰显功绩而设计的新样，因此，其中有一些进入明朝宫廷制成女服，并最终出现于定陵孝靖后棺内；一些成为明朝宫廷里长期未用的丝绸匹料或裁剪服饰所剩零料，最终用作大藏经裱封丝绸；另一些则为了封贡而随册封使团进入日本，或为往来于明朝廷和日本方面的通译等所得，最终进入与室町幕府有关的寺庙并长期保存在日本。由于其设计与制作很可能与其外交礼物的性质或宫廷内用表功的织造目的紧密相关，明季之后也未再生产，图案的流布十分有限，此后也未在明清丝绸上成规模地使用和传承，仅有个别图案出现在疑似外销刺绣上，仅进入杂宝纹系谱的图案得以见于其他明清丝绸，成为中日丝绸艺术交流史上的一段宝贵的实证，也是日本纺织品图案在近代以前对华传播的早期实例。

六、结语

尽管这批出土与传世的带有日本风格的明代丝绸的总量并不多，但已经构成了一个明代宫廷内部直接使用（定陵残片）、明代宫廷丝绸的外延利用（大藏经等裱封丝绸）、明代丝绸对日传播，以及外销刺绣的设计与制作所构成的较完整的序列。围绕着这批丝绸，尚有许多未解的谜团，期待未来将有更多研究，以进一步探究明代宫廷丝绸与域外设计的互动和传播关系。

参考文献：

［1］国立历史民俗博物馆.［染］と［織］の肖像—日本と韓国・守り伝えられた染織品［M］.佐仓：国立历史民俗博物馆，2008.

［2］徐铮，赵丰.美国费城艺术博物馆藏丝绸经面研究［M］.上海：东华大学出版社，2019.

［3］赵丰.织绣珍品［M］.香港：服饰／艺纱堂工作队，1999.

［4］杨玲.北京艺术博物馆藏明代大藏经丝绸装裱封研究［M］.北京：学苑出版社，2011.

［5］西村兵部.日本の美術・織物［J］.志文堂，1967（12）：—.

［6］苏淼.彼得大帝军旗所用中国丝织品研究［D］.上海：东华大学，2019.

［7］吴雪杉.金扇：明代墓葬与中日交流［J］.文艺研究，2019（12）：135—146.

［8］隆光.僧隆光僧正日記第3［M］.永岛福太郎，校注.东京：八木书店，2015.

［9］铃木理生.江户时代的风俗与生活［M］.何慈毅，张俊跃，王燕，译.南京：南京大学出版社，2014.

［10］范金民.十六至十九世纪前期中日贸易商品结构的变化——以生丝、丝绸贸易为中心［J］.明清论丛（第十一辑），2008：462—472.

［11］高木香奈子.江户时代前期の小袖における模样と染色技法に関する研究——初期友禅染を中心に［D］.大阪：关西学院大学，2013.

［12］赵丰.锦绣世界：国际丝绸艺术精品集［M］.上海：东华大学出版社，2019.

［13］王鸣，刘一然.日本江户时代外来语特征考察——以内容和表记方法为中心［J］.浙江外国语学院学报，2015（1）：81—87.

［14］JACKSON A. Kimono：Kyoto to Catwalk［M］. London：V&A Publications，2020.

［15］杉本勋.日本科学史［M］.郑彭年，译.北京：商务印书馆，1991.

［16］赵丰，屈志仁.中国丝绸艺术［M］.北京：外文出版社，2012.

［17］切畑健.名物裂［M］.京都：京都书院，1994.

明代鱼鳞甲复原的技艺探索

黎艳君[1]　王瑶[2]　唐淼[3]

摘　要： 随着现代博物馆的快速发展，对甲胄越发重视，许多地方博物馆为了重现地方著名战役场景，在博物馆内复原一些上将、士兵的甲胄形制。明代鱼鳞甲在一定程度上代表了明代甲胄服饰的水平，体现了明代军戎服饰的完备，自上而下有掩脖、胸甲、鹘尾、捍腰及裙甲等。本文以明代鱼鳞甲为切入点，探索复原的手工制作，为博物馆的甲胄陈列、甲胄制作爱好者提供一定的参考。

关键词： 鱼鳞甲；明代甲胄；复原制作

近年来，随着国家对传统手工技艺和非物质文化遗产的重视和保护，在2017年发布了《关于实施中华优秀传统文化传承发展工程的意见》，国家开始重视甲胄复原的相关技术及工艺制作，而明代甲胄具有典型性的代表，包括锁子甲、布面甲、罩甲和鱼鳞甲等。本文以明代鱼鳞甲为案例，进行制作和文化价值探讨。

一、明代鱼鳞甲

鳞甲又称鱼鳞甲，其主要特征包括①以小型甲片构成；②

1　黎艳君，南昌大学共青学院服装专任教师，研究方向为传统服饰色彩、服装手工制作。
2　王瑶，南昌大学共青学院服装专任教师，研究方向为服装专题设计、服装设计大赛。
3　唐淼，南昌大学共青学院服装专任教师，研究方向为中国传统文化与非遗蜡染。

甲片一般较为浑圆；③甲片一般缀在织物或皮革制成的内衬上；④一般来说，甲片并非四周都有甲孔，也并非四周都与内衬相连，甲片一般采取上排压下排的结构，成品甲的表面外观与层层压叠的鱼鳞相似。

明朝的甲胄形制大致可以分为两个阶段：明初和明朝中后期。明朝建国之初，沿袭了宋代甲胄样式，但不是完全仿制，其在些许细节中做了较大的改进。我们通常在年画、连环画还有寺庙中看到的这些甲胄大都为明式甲胄。如每逢年关之际，许多老人都有去寺庙进香拜佛的习惯，祈求来年家人身体健康、万事如意，当你刚迈入寺庙大门，迎面的是威严霸气的四大金刚，这些雕塑工艺精湛，细节丰富，其服饰和装饰就可能受到了明代甲胄风格的影响。

寺庙的四大天王石雕神像不仅有肩吞、腹吞，而且在胸口处系有束甲绊，腰处系袍肚，在胸甲、披膊、裈甲及鹘尾等部位用鱼鳞甲片装饰，可谓威风凛凛。这些甲胄在晚唐就出现了，到了明代出现新的衍变，在裙甲之间作为护裆用的倒三角形裈甲是明代特有的，而且裈甲前的两根打着蝴蝶结的丝绦也并不是用于装饰，而是专门用于下马徒步时吊起裙甲的裙角，方便路程行走，这也是明代才出现的设计[1]。

明朝政府对甲胄的制造颇为严格，在《大明会典》中有这样的记载："凡盔甲。洪武七年，令线穿甲，悉易以皮。十六年，令造甲每副，领叶三十片，身叶二百九片。分心叶十七片，肢窝叶二十片、俱用石灰淹里软熟皮穿。浙江沿海、并广东卫所，用黑漆铁叶绵索穿"[2]。其对甲胄制造工艺的详细记录，精确到各部位所用甲片的数量，还有针对东南沿海等地不同的气候和材料皆有说明。如南方地区多湿热，铁质甲胄容易生锈，故需要涂抹上黑色的漆防止其锈损。还有就是南北地区用料不同，北方多皮质绳索，而南方则是棉质绳索。

明朝中叶，也就是正德年间（1506—1521 年），甲胄发生了重大变化。罩甲也是扎甲的一种，比传统的扎甲穿戴更为简单、舒适，没有各种束甲绊、袍肚、罩袍，与日常穿衣服相同，非常便捷。此时的甲胄还有一个颇具时代感的设计，就是取消了传统的披膊，换上了能保护整条手臂的环臂甲。这一设计既能有效地保护手臂不被伤害，也不影响其手臂的灵活性，且兼具美观感。

到了明朝后期，铁质的罩甲逐渐演化为布面甲结构，不再是铁质的甲胄，而

1　冷研作者团队-人渣啸西风：《明代中日盔甲谁家强？大明：武士都是明吹，大明传家宝就是样子货》，风闻，https://user.guancha.cn/main/content?id=483917.htm，访问日期：2024 年 8 月 29 日。

2　申时行等：《大明会典》，中华书局，1989。

是棉布与铁片结合，也可以说是布面甲的一种。这个结构的改进，降低了甲胄的造价成本，对日渐成熟的火器也能起到较好的防护作用。此外，其适用性相较以往更好，如夏季炎热，铁质甲胄升温快，对穿着铁质甲胄的将帅来说有极大的挑战；到了寒冬，铁质甲胄易冷，穿脱不便，而换成棉布后，其隔热功能就展现出了优势。于是，逐渐出现了适合抵御热兵器战争环境的更加实用轻便的布甲。

二、明代典型的铠甲形象

（一）武将石刻

明朝初期相对典型的甲胄是北京昌平明十三陵神道上的石像（图1），头戴粗翘型的凤翅盔，身穿及膝鱼鳞甲，大臂处系披膊，小臂处系护臂，胸前的胸甲装饰圆形护镜，腰上系束甲绊、袍肚，这是石像特有的装饰，增添石像的威武形象。这时期的石像甲胄既保留了唐朝铠甲的装饰特点，又出现了明朝特有的甲胄部件鹘尾。

图1 北京昌平十三陵神道
石刻将军像

图2 山西粟毓美墓神道大理石武将雕刻像

　　山西的浑源粟毓美墓神道上的大理石武将雕像（图2），是明后期的典型参考形象，出现了卷云装饰的盔檐，上面钉有甲泡，系于颔下的系带平时则系结脑后。护心镜用绳束另束于胸前，出现连接臂甲与披膊的装置，在方形甲片的上面还有如意头的卷云纹图案，图案上钉有甲泡。整体石刻武将的甲胄部件相对较丰富，鱼鳞甲应用的部件明显，甲胄部件相对清晰，为后面的鱼鳞甲制作提供一定的参考。

（二）"出警图"的明代甲胄

　　《出警入跸图》由明人绘，分为《出警图》和《入跸图》。画卷描绘皇帝出京谒陵后，从水路坐船返回宫苑。这两件长度超过20米的高头大卷，画了900多名持各式仪仗的华丽护卫、随从（图3）。

　　明代的护卫随从以身穿圆领对襟长身的鱼鳞甲，束腰处用绑带系捆，头戴细翘型头盔，手臂处穿戴长条形的鱼鳞甲片，一方面方便穿戴，节省了烦琐的穿戴程序；另一方面便于工艺制作，将大臂和小臂的两个部件合并一起，结合鱼鳞甲片的优点，方便灵活收缩。[1]身前的前衣片以大面积的鱼鳞甲片编缀，整体款式相对简洁，符合护卫、随从的身份形象。

图3　《入跸图》（局部），台北"故宫博物院"藏

三、明代鱼鳞甲的复原制作过程

（一）工具准备

在制作甲胄之前需要准备相关工具材料，包括皮料、部件纸样、胸背甲里面使用到的内衬；工具部分主要有榔头、尖嘴钳、笔、少许胶、针线和剪刀等。首先从铠甲的包边打版开始，处理包边，编甲片，然后把甲片和包边结合，锁边，安装各种皮带扣，来完成甲胄的每个部件（图4）。

每个裁片之间的序号需要一一对应，做两层处理，一层是承载铠甲使用，边缘做单线缝合，把零部件裁片连成一个整体，外轮廓和边缘的孔需要完全重合，把两个零部件裁片对齐，用绳带作螺旋缠绕，把上下两片缝合起来，然后进行锁麻花线，锁中间的孔，底摆的孔与甲片相连接，将编缀好的甲片和包边相缝制，注意甲

图 4　甲片的准备与制作

片的孔和包边的孔对齐后，再进行上下连接缝制，中间的孔位需要走两道，固定几个主要控制点，再进行锁边；完成这个步骤后，进行钉铆钉，将圆环和皮带零部件套起来，将铆钉穿进皮带两端的孔洞，再钉在甲片上进行装饰和作系扣使用。封底处理，需要黑布毛毡叠一起，藏在皮下面，用针线把黑布和皮连一起进行锁边，需要锁一圈，最后完成一个胸甲裁片的制作，其他裁片也是参考此方法完成制作。

（二）明代鱼鳞甲片及编缀方式

明代鱼鳞甲为鱼鳞结构，甲片缀于内衬之上。其甲片用老葫芦的壳制成，表面刷生桐油，然后晒干或用小火烘干。内衬则有两种：一种用两层上好夏布制作；一种在细棉布内铺一层头发，然后用线稀疏地纳一遍，将头发固定在布上。无论哪种内衬，都需要用柿漆或桐油（加少量豆油）浆过，浆完后，表面再擦一些黄蜡灰，蜡灰擦在内衬表面即可，不擦入布内。[2]

完成一套甲胄，涉及工序较多，配件种类也繁多，包括绘画、雕刻、皮艺、编绳等多种手法。还需要对现有的材料和物件进行排列、打孔、串联甲片、编绳、裁剪、缝合、包边、装饰等工序，一套甲胄的成型，最快也需要10天至15天。

鱼鳞甲是一种很常见的盔甲，编制方式和制作方式都相对简单。鱼鳞甲片大概0.5毫米，钢片材质。其编法采用绳子连接，一片压两片，上层压下层，绳子在内部不会外露，可以有效阻挡锐器割断绳子的连接处。因为甲片带弧度，锐器打上去会卸力，所以其整体防御力较强，能够弹开弓箭的射击（图5）。甲片可以伸缩，伸缩后重叠在一起的甲片又再一次被叠加，整体防护厚度可随弯曲度随意调整。

图5　鱼鳞甲片编缀

由于鱼鳞甲片比较厚重，内部需要缀以棉布，以避免穿戴者穿戴时被刮伤。鱼鳞甲片是居角三钉与居上二钉，进行甲片的叠压与穿插工艺制作时，每部分甲片进行甲衣包边处理，使每部分甲片之间相互关联，易于穿戴的同时加强防护性能，对抗各种铜铁制成的兵器。肩吞、腹吞及胸板是为加强整体甲胄的威武形象而进行的装饰使用。明代鱼鳞甲本身不仅具有较强的防护性能，而且相对轻便耐用，是明代重要的盔甲类型。

（三）鱼鳞甲部件制作

明代鱼鳞甲的部件相对较多，包括掩膊、胸甲、背甲、裙甲、裈甲、鹘尾、捍腰、披膊、腰齐、肩吞、腹吞、护臂及胸板等。甲片部件的制作方法相类似，先将胸部甲片编缀好，再将处理好的包边与甲片孔位对齐，从上往下先将第一层包边的孔位和甲片串联，串联好四周甲片后，在胸甲左右各安装两个拉环。之后再安装装饰使用的铆钉，与串联甲片手法一样，将胸甲包边的第二层皮进行串联，以包边—甲片—包边的顺序进行锁边串联。定位胸甲上面两端的部分，对着铆钉安装"日"字扣，"日"字扣安装于第一层包边与第二层包边的中间，再将对应的孔位进行锁边；作串联作用的皮带也是放置在两个包边夹层的中间，定孔位，皮带与胸甲边保持90度垂直，再用绳子串联，另一端皮带安装皮带扣，方便与背甲串联一起。最后再做封底处理，将毛毡和黑布叠一起，将多余部分藏进甲里，用针线顺着孔位将四周锁一圈，完成封底，即完成了整个胸甲的部件制作。背甲、裙甲、裈甲与鹘尾的制作方法相似，裙甲、裈甲与鹘尾需要在边缘安装花边的装饰。

披膊部分的制作，把披膊的包边部件进行孔对孔锁边，上端中间及左右两端安装铆钉，里面孔位安装甲片。披膊甲片的连接方式为上压下，方向朝左，右披膊的甲片靠右，甲片的串联方式相同，前两排9片，后两排10片，上压下叠加串联，然后固定到包边皮上，再进行锁边，安装铆钉和皮带。由于披膊的边缘是单排孔，所有锁边只需要顺着边缘绕即可，同时需要注意安装皮带、扣子，最后封皮，即可完成。

护臂部分的制作。材料包括鱼鳞甲片、皮包边与绳子，先把鱼鳞甲片按护臂的纸样大小编缀好，再放置皮包边进行锁边串联，绳子通过孔对孔进行串联，与系鞋带类似，进行捆绑。

四、明代鱼鳞甲复原

（一）明代鱼鳞甲的部件

明代鱼鳞甲与大部分甲胄部件类似，包括掩膊、胸甲、背甲、鹘尾、裈甲、捍腰、披膊、腰齐、兽吞、护臂及胸板等。这些部件有其自身的功能性与实用性，如保护身体，减轻进攻性兵器重创，在战争中可起到极其重要的作用。如表1所示，笔者参考了明代鱼鳞甲，进行了仿制鱼鳞甲胄部件。

表1　明代鱼鳞部件

部件	概念	穿戴位置	图片
飞鱼服	飞鱼服是指明制汉服中带有飞鱼纹样的曳撒、贴里、圆领、道袍、直身、立领短袄等形制的汉服	内搭	
掩膊	掩膊背心主体、环形领口，上下各有连接；以披肩的形式呈现，上方头部开口供头部穿入	套在肩膀和前胸后背的部位，有前胸开口或后背开口等穿戴连接方式	
胸甲、背甲	两者不相连，背甲上缘钉有两条皮带，披挂在肩上，在胸甲的带扣上系束	前胸、后背（活舌带扣）	

部件	概念	穿戴位置	图片
裙甲（2片）	作为身体腰部及下部分防护的装备	穿戴在身体腰部及下部分	
鹘尾	束甲绦与腹部护甲以及鹘尾相互吊挂连接，组成铠甲的一个附加体系，增加了胸腹要害部位的防护能力	后片的鹘尾甲覆盖于后面腿裙之上	
裈甲	裈甲是作为下半身裆部的防护，前面的叫裈甲，后面的叫鹘尾	前块的裈甲覆盖于前面的腿裙之上	
捍腰	捍腰为古代铠甲的腰部的装饰，或称扞腰，为袍带的背饰	使用时自腰后绕在腰上，在腰前打结	
披膊	用以保护肩膊的部分称为"披膊"	穿戴在肩臂上，用于保护臂膀	
腰齐	装饰在胸腹兽吞的两端，加强甲胄的装饰性	装饰在胸腹兽吞的两端	

（续表）

部件	概念	穿戴位置	图片
肩吞、腹吞	在肩臂结合部出现了兽吞状护肩，在胸腹部位也有腹吞，加强了披膊和胸腹的装饰性和防护性能	肩臂两端、胸腹部位	
护臂	护臂用于保护小手臂，具有一定程度的防护功能	护臂在内侧用绳索系起来	
胸板	装饰在前胸部位，加强胸部的装饰性和防护性能	装饰在前胸部位	

（二）明代鱼鳞甲穿着步骤

如图6、图7和图8所示，笔者拍摄了明代鱼鳞甲穿着步骤。步骤一，先使用飞鱼服作为内搭，在肩颈位置穿戴掩膊；步骤二，在前身穿戴胸甲、后背穿戴背甲并与掩膊相系扣；步骤三，在腰侧两端穿戴裙甲与胸甲、背甲相系扣；步骤四，在裙甲前面的铁扣环系挂裈甲，裙甲后面的铁扣环系挂鹊尾；步骤五，在腰间系挂捍腰，保护胸甲、背甲与裙甲相连的缝隙，在胸甲和捍腰上系挂腹吞；步骤六，在腰间系挂腰齐，增添武将的气势；步骤七，在肩膀两端系挂披膊，用来保护大臂；步骤八，在肩膀两端系挂兽吞，胸甲系挂胸板，一方面起装饰作用，另一方面增加武将的威武风范；步骤九，在小手臂上穿戴护臂，下面用绳索捆绑。

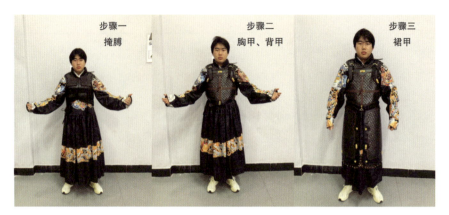

图6　明代鱼鳞甲穿着步骤（笔者拍摄）

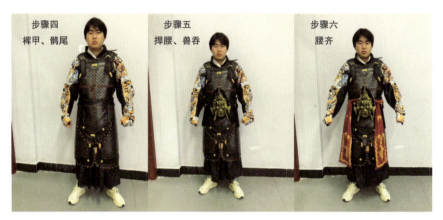

图7　明代鱼鳞甲穿着步骤（笔者拍摄）

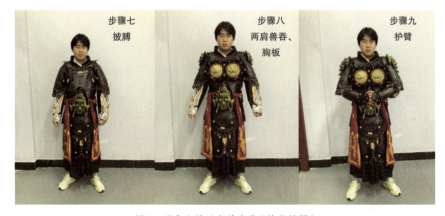

图8　明代鱼鳞甲穿着步骤（笔者拍摄）

五、结语

随着国家对非物质文化遗产的重视，越来越多的博物馆开始逐步完善各地区的历史文化遗产，包括古代著名的战争历史、城墙古炮及士兵的服饰武器等相关物品的收集复原，但在甲胄复原这方面的人才相对稀缺。甲胄本身就具有丰富的文化内涵，在制作甲胄的过程中，结合金属材料与非金属材料的运用，通过切割铁皮、裁剪皮革、编缀鱼鳞甲片，后期拼接皮革处理、压边、铆钉钉甲及包边等，来完善甲胄的衣片制作，但研究也存在局限，受资料和技术手段限制，部分工艺细节难以完全还原；研究样本相对单一，对不同地域、时期鱼鳞甲的差异研究不足。未来可拓展研究范围，收集更多不同类型的明代鱼鳞甲资料，对比分析其差异；利用先进科技手段，如3D扫描、数字化模拟等，更精准地研究和复原铠甲；深入挖掘鱼鳞甲背后的军事战略、社会文化内涵，推动古代军事装备研究向多学科交叉方向发展，进一步丰富对明代历史文化的认知，为博物馆非遗数字复刻及现代防护服的设计应用带来一定的灵感启示。

参考文献

[1] 易弘扬.明代札甲形制考——以《出警入跸图》和《倭寇图卷》为例 [J].文物鉴定与鉴赏，2021(12)：66-68.

[2] 王际淋.基于美术图像的明中后期甲胄服饰研究 [D].上海：东华大学，2023.

第二章　透物见人——明代服饰文化研究

明代文武官员服饰研究献疑——一则历史学视角的明代服饰研习笔记

张霞[1]

摘　要： 明代文武官的服饰从礼仪制度上取法汉唐，在实物形态上延续了宋金元以来的变革。四种基本服饰的制定过程和使用方式显示出明朝建国初期艰辛历程，寄托了君主的治国理念。服饰中的一些特殊品种反映了不同朝代的政治风气和文化氛围。出土服饰中的一些案例记录了相应区域内文化共同体的生活和信仰。

关键词： 舆服志；中单；窄袖衫；棉布；印符

　　明代是在称霸欧亚大陆近两百年的蒙元帝国溃散后，由汉民族重新建立的中原王朝。蒙元帝国的辽阔与强盛，给中原地区带来经济文化的世界性流通之余，也为明王朝的统治带来一定的外部忧患。在北方蒙古的一些部落不断骚扰边境，明朝君主不能将其完全征服，东南方则由于海上贸易的繁荣带来倭患的长期困扰。在国家内部开国君主的布衣出身为明初发展农业、经济等基础建设带来绝对的优势，为了更好地巩固江山地位，明代君主大都以勤政闻名，重视典章制度的继承和改革，以约束因社会经济繁荣逐渐膨胀的各种权力。以服饰制度为例，一方面可以看到朝廷通过制度的建立和使用来"辨贵贱，明等威"，另一方面自明太祖时期起违反制度使用服饰的情况即存在，服饰制度与国家政治、君臣关系、社会风气之间有许多值得探究的问题。本文在阅读明代服饰制度基本文献和

1　张霞，上海市历史博物馆副研究馆员，研究方向为古代史、纺织服饰、展览策划。

初步了解明代服饰传世实物、明代墓葬出土服饰情况的基础上提出一些问题和浅见。

一、常、朝、公、祭：四种基本服饰的继承与变化

明代初年的服饰制度取法汉唐，参酌宋金元之制。《旧唐书·舆服志》云："衣裳有常服、公服、朝服、祭服四等之制"，服饰制度本来是为帝王祭祀而制定的，所谓"车有舆辂之别，服有衮冕之差"，汉代祭祀穿着衮冕之服，戴通天冠，隋唐天下一统，始复旧仪，"玄衣纁裳冕而旒者，是为祭服，绶、珮、剑各依朝服之数"。[1]宋代百官祭祀穿着冕服，冕服制度在庆历、元丰、大观、政和、绍兴年间经过五次修订，以九旒冕、七旒冕、五旒冕、平冕无旒区分等地，款式、服色、配饰均有差别。[2]金代百官祭以朝服为祭服，章宗时礼官参酌汉唐之制，改百官祭服为青衣朱裳。元代官员的祭服有青罗服、红罗裙或绫裙，衣裳的领、袖、襕多用皂绫，蔽膝多用红罗，内着白纱中单，配有方心曲领。明代制定的百官祭服为青罗衣，白纱中单，俱皂领缘，赤罗裳，皂缘，赤罗蔽膝，方心曲领。一品至九品官员均穿着这样的祭服，只是在家祭时省去方心曲领，四品以下同时再省去佩绶。从形制来看，是对元代祭服的继承沿用。

祭服用以接神，朝服用以事君，文武百官区别于帝王家族，通常先有朝服之制而后才有祭服之制。《金史·舆服志》记载泰和元年（1201年），礼官进言"今群臣但有朝服，而祭服尚阙，每有祀事但以朝服从事，实于典礼未当"，[3]请求依照汉唐旧典，为群臣制定区别于朝服的祭服，获得准许。明代也是如此，洪武元年（1368年）百废待兴之时即定公服、朝服之制，以赐群臣。根据《明史·舆服志》的记载，首先规定的是象征等级的服色和赐服以散官为准的制度。散官之制起于汉末定于隋唐，品第较职事官为高，在现任职务上考满可能可以升任。[4]朝服用于"大祀、庆成、正旦、冬至、圣节及颁诏、开读、进表、传制"[5]等重大场合，也用于朝贺、辞谢等。

明代的朝服为赤罗衣，赤罗裳，白纱中单，绯罗蔽膝，大带赤、白二色，洪武元年初定时，衣、裳和中单均用皂饰领缘。这样的朝服沿袭了宋、金的形制，但在穿着方式上有所简化。宋代的朝服为绯罗袍，绯罗裙，白花罗中单，绯罗蔽膝，并皂缥襈，白罗大带，白罗方心曲领，一品二品穿着全套，诸司三品、御史台四品、两省五品穿着时省去中单，但御史大夫、中丞穿着时有中单，六品以下无中单，但

御史有中单。金代的朝服为绯罗大袖，绯罗裙，白纱中单，绯罗蔽膝，绯白罗大带，白罗方心曲领，穿着方式已为一品至九品相同，只在冠梁和配饰区分等级。明代的朝服省去了方心曲领，可能为了区别于历代祭服的皂缘，又改用青色为衣裳中单的缘饰。

公服用于每日早晚奏事、侍班、谢恩和见辞，《舆服志》载其衣裳形制为盘领右衽袍，用纻丝或纱罗绢，袖宽三尺。服色一品至四品用绯，五品至七品用青，八品九品和未入流杂职官用绿。公服花样一品为直径五寸的大独科花，二品为直径三寸的小独科花，三品为直径二寸的无枝叶散搭花，四品、五品为直径一寸五分的小杂花纹，六品、七品为直径一寸的小杂花，八品以下无纹。

《〈明史·舆服志〉正误二十六例》一文指出，纂修于明代的《明实录》记载诏定百官公服、朝服在洪武元年，而更定其制在洪武二十四年（1391年），《明史·舆服志》一并误为洪武二十六年（1393年）。[6] 比较《明实录》《明史·舆服志》和颁布于洪武元年的《大明令》对公服的记载，发现《大明令》载洪武元年正月制定文武百官公服形制为右衽，一品至五品紫罗服，六品七品绯罗服，八品九品绿罗服，与元代的公服形制、面料、服色相同，唯多一条"未入流品檀褐绿窄衫"；[7]《明实录》载洪武元年十一月定百官公服之制，"朔望朝见及拜诏、降香、侍班，有司拜表、朝觐，则用公服，皆赤色"，[8]690洪武二十四年诏六部、都察院同翰林院参考历代礼制更定服制，其公服用"圆领右衽袍，或纻丝、纱、罗、绢，从制进造，袖宽三尺，公侯驸马以下至四品用绯，五品至七品用青，八品以下并杂职官俱用绿暗织花样"；[8]3112《明史·舆服志》载百官公服定于洪武二十六年，内容与《实录》二十四年所定相同。公服面料的织造花样则三种文献记载一致。

《大明令》颁布于洪武元年正月十八日[9]，其制定当在建国之前。元至正十五年（1355年）三月，朱元璋进兵攻集庆（即南京），十六年（1356年）在城外得胜，部分元朝官员将领战死，部分投靠张士诚，还有一部分率军民五十余万投降。朱元璋周览城郭，发出"仓廪实，人民足"的感叹，可知当时集庆的府库和库中物资没有在战火中烧毁，包括丝织品。[8]43明军攻克大都的时间则在洪武元年八月，徐达率军获宣让、镇南、威顺诸王子，同样封其府库及图籍宝物。元代集庆设有东织染局，是江南规模最大的官营织造机构，而大都和上都一带集中了大量直属于中央政府的织造机构，此外《元史·舆服志》还记载了法服库会储藏一部分法服、公服和窄紫，其他各类府库应该也储藏了大量的丝绸段匹和服饰。因此，《大明令》和

《明实录》所记载的公服，不仅形制上延续了元制，可能一部分公服实物和衣料实物也是继承元代库藏而来。

常服的指称有些模糊。《旧唐书》云："衣有常服、公服、朝服、祭服四等之制"，紫衫白袍平巾帻是为常服，"武官尽服之"，"六品以下，衫以绯"，没有提到文官的常服。其后云乌漆纱弁冠、朱衣裳为公服，"文官寻常入内及在本司常服之"，似文官常服与公服相同。宋代"凡朝服谓之具服，公服从省，今谓之常服"，比较明确公服与常服相同，其制为"曲领大袖，下施横襕，束以革带，幞头，乌皮靴"。[10]3561明代的常服最初也与公服相同，为乌纱帽、团领衫、束带，但因公服是朝君的穿着，又改为别制梁冠，绛衣绛裳，衣裳去缘襈，革带，大带，白袜乌舄，三品以上佩绶，以下不用。公、侯和文官常服衣自领至裔，去地一寸，袖长过手，复回至肘，武官常服去地五寸，袖长过手七寸，使用补子区分等级。衣料用纻丝、绫罗，一品二品可用彩绣。

二、中单和窄袖衫：两种服饰的使用所反映的社会风气

在服饰制度中有一些特殊服饰的形制和使用方式寄托了帝王的治国理念，也昭示着当时的社会风气，尤为值得探究。比如中单的形制和使用在唐宋元明时期的沿革变化一定程度上反映了几朝君主对礼制的态度。中单是穿在内层的单衣，单衣也写作禅衣，在马王堆汉墓的简册上有"禅衣""複衣"的记载，分别是单层和有夹层的深衣。马王堆汉墓出土的单衣有置于墓室中的素纱单衣、白纨单衣和穿在尸体身上的"乘云绣"黄棕绢单衣、"信期绣"罗绮单衣和各种纹样的刺绣黄绢单衣。[11]单衣是深衣的一种，它的形制特征有别于上衣下裳的分别穿着，是上下连属制的礼服。唐代官员的朝服最外层穿着绛纱单衣，次为白纱中单，均以皂饰领、褾、襈、裾，内着白练裙襦。公服没有白纱中单，为绛纱单衣和白色裙襦。唐代服制依散官品第，前已述及是一种往往高于本职的赐予，这样的制度在宋代受到质疑，有人提出有"官卑而任要剧者，有官品高而处之冗散者，有一官而兼领数局者，有分局莅职特出于一时随事立名者，有徒以官奉朝请者"，[10]3554都是不能以品第定服制的原因。因此将官员按职事分为七等，分别制定相应的冠绶之制，服饰的款式和穿着方式也依托于这样的等第区分。宋代没有穿在最外层的单衣，但中单的使用场合很多。诸臣祭服以九旒冕涂金银花额、九旒冕无额花、七旒冕、五旒冕、平冕无旒分

为数等，外层服装均为上衣下裳，九旒冕涂金银花额者着白花罗中单，其余着小白绫中单。朝服则先分进贤冠、貂蝉冠、獬豸冠三等，进贤冠又有五梁、三梁、两梁之别，服装形制总体为绯罗袍，白花罗中单，绯罗裙，绯罗蔽膝，皂缥禳，白罗大带、白罗方心曲领，锦绶，白绫袜，每个等第又有区别。

宋初百官朝服为绯罗皂缘的袍裙，白罗方心曲领，白绫袜和皂皮靴，主要用冠绶和配饰来区分等第。比较独特的是白花罗中单的使用，等第最高的一品、二品和中书门下在穿着朝服时需要穿着中单，其余等地是没有中单的，唯独御史台的官员有中单。《宋会要辑稿·职官十七》载宋代御史台编制和品第的设置，御史大夫从二品（宋代御史大夫有名目而始终未曾任命人选），[12]中丞从三品，侍御史从六品，殿中侍御史正七品，监察御史从七品。最初御史通常在已有职务的官员中举荐选拔，后由于公务繁重而部分成为专职，[13]是所谓"官卑而任要剧者"。这一细节不仅说明宋代对御史台和御史的职能相当重视，也说明宋代帝王确实注重礼仪。宋徽宗政和元年（1111年）至政和三年（1113年）设置议礼局，颁布《政和五礼新仪》，重订百官朝服，服制依官职分七等，主要差别依托于冠、绶之制，中单的服用似仅有七梁冠以上用白罗，六梁冠以下用白纱的区别。金、元、明代的中单用法也没有具体的区分，明代品官朝服、祭服不论品第均用白纱中单，状元及进士用白绢中单，但没有品的侍仪舍人等不用中单。

明代具有特殊地位的官员中最为人所熟知的是内官。在开国前朱氏政权中的内官已颇具规模，洪武二年（1369年）吏部定内侍诸司官制，有品职的内官就有一百三十余人。内官遇朝会，依照品第穿着朝服、公服，平时则有独属的常服。其常服形制在明初为乌纱描金曲脚帽，胸背花盘领窄袖衫，不拘颜色，乌角带，红扇面黑下桩靴。无品从者穿着没有胸背花的团领衫。明代时穿着窄袖衫的除了内官还有侍仪舍人，"依元制，展脚幞头，窄袖紫衫，涂金束带，皂纹靴"。[5]1648窄袖衫袍是北方游牧民族常用的服饰，《契丹国志》称契丹国主与汉官服汉服，国母与蕃官皆胡服，其制为紫窄袍加义栏，系蹀鞢带，戴纱冠额前缀金花；或紫皂幅巾，紫窄袍，束带。也有绿花窄袍和红绿色中单。金国则好衣白，男子衣皆小窄，妇女衫皆极宽。[14]宋罗大经《鹤林玉露》记宋时风俗，称南渡后士大夫好衣紫窄衫，是出于兴兵一时权宜的戎服，不利于恢复古制。事实上窄袍在宋代也是非常珍贵的服装，可能与赵宋的燕赵血统有关，"赐窄衣"是对军事官员很高的嘉奖。这样的情况在元代发生了较大的变化。

《元史·舆服志》所载窄袖服饰，主要为紫罗或紫色花罗，少量锦地宝相花。元代窄袖衫、窄袖紫衫已大都是吏穿着的服饰，相应的首服主要是交角或展脚幞头。明代穿着窄袖衫的是内官、侍仪舍人和乐舞生，不过窄袖衫对侍仪舍人和乐舞生来说是冠服，对内官来说是常服，有品第的内官有与其他品官相同的朝服和公服。永乐以后"宦官在帝左右，必蟒服，制如曳撒，绣蟒于左右，系以鸾带，此燕闲之服也。次则飞鱼，唯入侍用之。贵而用事者，赐蟒，文武一品官所不易得也。"[5]1647万历年间更有当权内官使用进贤冠，穿着祭服进入太庙。从这样的变化可以看到明初皇帝虽然任用内官，但同时通过服制提醒内官在公务之余勿忘吏的身份。明代中期蟒服和飞鱼服的使用表明帝王对宦官的依赖和宦官权力的膨胀，但其服制如曳撒，即只孙，在元代虽然是天子和百官均穿着的服饰，但在明代也只有校尉等穿着。晚明时的自创祭服等乱服行为可能正是权力（或功绩）与身份逆向发展下的异化。

三、棉布袍与印符：江苏明墓出土衣物记录的民间信仰

文武官员的祭服、朝服、公服和常服均为丝织品，按照服制去世下葬后也应该穿着相应的服饰，而墓葬中其他物品的摆放也按礼制所规定。明代官员墓葬出土的服饰中有大量棉布衣物，透露着一些民间信仰的信息，以江苏武进王洛家族墓、常州毕宗贤墓和泰州刘鉴墓为例，试作一些分析。

王洛家族墓发现于1997年，位于江苏武进区横山镇芳茂山麓，分别为王洛夫妇合葬墓和王洛之子王昶与原配、继配及妾室合葬墓。王洛墓盖石篆刻"明故昭勇将军镇江卫指挥使王君墓志铭"，可知王洛去世时的职衔为昭勇将军镇江卫指挥使，秩正三品。棺内随葬品：棉织品6件，分别为白色交领右衽宽袖袍、白色袜、白色靴、白色绑带、白色吊带和白色印符；乌纱帽1件；绵絮1件，麻席1件，金扒耳器1件，腰带1件，铜镜1件，银元宝2只，银方胜1件，鎏金日月牌2件，天下太平冥币50件，小木匣1件，泥人俑5个，木梳1件，篦箕1件。妻子盛氏棺内随葬品主要为丝织品和金银器，丝织品中也有1件印符。

毕宗贤墓发现于2004年，位于江苏常州市广成路，为毕宗贤夫妇合葬墓。毕宗贤墓盖石篆刻"明故奉政大夫登州府同知毕公之墓"，奉政大夫是封赠的衔名，登州府同知是毕宗贤去世时的官职，秩正五品。出土随葬品有金发簪1件，金束发2件，

补子2件，腰带1根，乌纱帽1件，棉布衣1件，布鞋1双，布袜1双，宣纸1叠，铜镜2枚，木梳1把，布袋1个（内含1块棉布印符和1张莲丝纸），棉席1条，棉被1条，裹尸布1件，引魂木幡4件，压胜钱、流通币54枚。毕宗贤的尸体穿着丝织补服，由于破损严重仅存补子两幅，图案为白鹇。棉布衣交领，右衽，宽袖，折叠放置于身下。

刘鉴墓发现于2002年，位于江苏泰州市海陵区鼓楼南路文峰桥西南，为刘鉴夫妻合葬墓、刘鉴子刘济夫妻合葬墓。刘鉴墓盖石篆刻"明义宰刘公德明之墓"，知刘鉴没有任官职。随葬物品中棉织物较多，刘鉴本人墓中的棉织物有长衫2件，内衣1件，夹裤1件，帽1件，袜1件，香袋1件，布片6件，寝单里布。妻子田氏墓中的棉织物有棉布长衫1件，棉袄1件，布片1件和鞋、护膝的衬布。

这三座明墓中，王洛墓中服饰很少，均为棉布织物，应是穿着在本人身上的。印符上的印文模糊难以辨认，另有一件未曾刊布，其印文为"九老仙都君印"。[15]毕宗贤入葬时穿着的是丝织补服，棉布衣折叠放置于身下，胸前正中放置1个棉布袋，袋内有1块棉布印符，上钤一方"九老仙都君印"朱砂符印，有一张莲丝纸覆盖在钤印上作为保护，但布袋上仍有渗出的朱砂，表明印可能是入葬前不久钤盖的。刘鉴墓最为独特，其人是没有官职的处士，入葬时上身共穿着7层衣物，从外向内依次为白色交领右衽大袖棉布长衫、姜黄色单层交领右衽大袖花缎长衫、墨绿色单层圆领右衽大袖素绸长衫、墨绿色交领右衽大袖花绸长衫、淡绿色交领右衽花缎深衣、姜黄色交领右衽夹绵素缎袄、白色交领右衽大袖棉布内衣；下身穿着3层裤裙，从外向内依次为驼黄色花缎裙、白色棉布裙、棉夹裤。最外层的棉布长衫正中缝着一块方形棉布，上有红色印文"九老仙都君印"，应当也是一块印符，同类墓葬中将与宗教或民间信仰有关的物品缝在衣服上的情况比较常见。这件棉布长衫以蓝色棉布镶边，从镶边褪色将墓葬中许多物品染上蓝色的现象来判断，该镶边的蓝色可能是用蓝靛染制的。

明代道教地位很高，朱元璋在洪武元年即收编了元朝赐号天师的道教正一派第四十二代传人张正常，改称真人，领江南道教事，秩正二品。明世宗热衷于道教，史称"专事焚修，词臣率供奉青词，工者立超擢，卒至入阁"。按《明史·舆服志》所载，道士、道官"常服青法服，朝衣皆赤"；道录司官"法服、朝服，绿纹饰金"；在京道官服红道衣加金襕；在外道官服红道衣不加金襕，道士服青道服。嘉靖中成国公朱希忠、都督陆炳因玄坛供事而得服一品官仙鹤服，学士严讷、李春芳、董份以五品撰青词，亦赐仙鹤。《皇明异典述》载黄冈道士陶仲文获得明世宗的宠幸，得赐服"大红、金彩、绣织、蟒龙、斗牛、云鹤、麒麟、飞鱼、孔雀、缎罗纱绢无虑数百袭"。[16]

三座明墓的陪葬物品有繁有简，印符有丝质，有棉质，根据印符的位置和墓主的穿着来看，棉布衣物都占据了重要地位，似有一些宗教或民间信仰的表达。九老仙都君印是道教茅山道派的法印，茅山道派亦称上清派，发轫于魏晋时期，以陶弘景为宗师，发展至明代已经不是主流教派，其支持者多为南直隶地区的勋臣贵戚和名门望族，可能棉布衣物在该教派或该群体具有特殊意义。

四、结论

明代是一个张扬个性的市民社会，通过正史《舆服志》和相关材料的研究，可以看到君主召集群儒稽考古典，修订服饰制度以利于邦国的理想，但同时有大量材料显示了制度之下复杂而奇特的现实情况。在本文所述及的明代墓葬出土服饰中，有些男性墓主所使用的服饰不符合其身份地位，限于篇幅未能述及这些合葬墓中女性墓主大都使用了与其身份地位不相符的补子等。无论是文献记载中关于礼仪、制度、风俗的细节，还是出土实物的复杂情况，都有助于对明代服饰的进一步研究，值得我们继续深入探索。

参考文献

[1] 刘昫，等. 旧唐书 [M]. 北京：中华书局，1975: 1929-1931.

[2] 周启澄，赵丰，包铭新. 中国纺织通史 [M]. 上海：东华大学出版社，2017: 435.

[3] 脱脱，等. 金史 [M]. 北京：中华书局，1975: 981.

[4] 马小红. 试论唐代散官制度 [J]. 复印报刊资料（魏晋南北朝隋唐史），1985(8): 52-56.

[5] 张廷玉，等. 明史 [M]. 北京：中华书局，1975: 1634.

[6] 戴立强. 明史·舆服志正误二十六例 [J]. 辽海文物学刊，1997(1): 86-96.

[7] 太祖 敕撰. 大明令：卷一 礼令 [M]. 清光绪江苏书局刻本.

[8] "中央研究院"历史语言研究所.明实录 太祖实录 卷1-5[M].台北："中央研究院"历史语言研究所，1962.

[9] 范德，邓国亮.《大明令》——初社会立法的工具 [J].明史研究论丛，2010(00):36-46.

[10] 欧阳修，宋祁.新唐书 [M].北京：中华书局，1975.

[11] 王树金.马王堆汉墓出土服装命名相关问题考证 [J].湖南省博物馆馆刊，2014(00): 30-39.

[12] 龚延明，季盛清.宋代御史台述略 [J].文献，1990(1): 110-120.

[13] 杨光.元祐时期的台谏政策及其形成原因 [J].宋史研究论丛，2021(2): 65-82.

[14] 邓之诚.宋辽金夏元史 [M].北京：北京理工大学出版社，2018: 544.

[15] 付皓田.从考古材料看明代茅山"九老仙都君印"钤印风俗 [J].中国道教，2020(5): 36-39.

[16] 《中华野史》编委会.中华野史·第九卷[M].西安：三秦出版社，2000.

明代冕服的制度与实际

徐文跃[1]

摘　要： 冕服在古代冠服制度中礼制最隆、等级最高，且起源甚早、流传久远，向来为礼官、经师所关注，自然也被学界所注意。明代冕服相关的传世文献、域外汉籍、出土实物、图像数据等材料，仍有待挖掘。尽管已有诸多研究在前，但明代冕服研究仍有推进的空间。本文即尝试在这方面做一些微小的努力。

关键词： 明代；冕服；《大明会典》;《明宫冠服仪仗图》

　　明代处于元、清之间，是中国历史上最后一个以汉人为主导的朝代，也是最后一个使用冕服的朝代。明代又是朝贡体系最为典型的时代，当时曾赐给周边国家冠服，其影响有的甚至延续至今。[1] 其中，冕服是所赐冠服中影响较著的一项。由此，明代冕服在古代服饰的研究中占有特殊的地位，成为重点关注的对象，研究者不乏其人。对明代冕服，多有专文论及[2]，

1　徐文跃，自由学者，研究方向为中国古代服饰史、中国古代丝绸艺术。
2　如赵连赏就曾撰有多篇文章，见赵联赏：《朱元璋对明代冕服制度的影响》，《明太祖与凤阳》，黄山书社，2011年，第246-255页；자오렌상:《명대(明代) 황제 예복의 착장법[穿着法] 연구 - 황제의 면복(冕服)과 상복(常服)을 중심으로 -》，《한국복식》2016년35호，第36-69页；赵连赏：《明代冕服制度的确立与洪武朝调整动因浅析》，《艺术设计研究》2020年第6期，第27-31页。赵联赏即赵连赏。张志云亦有文章讨论，见张志云：《重塑皇权：洪武时期的冕制规划》，《史学月刊》2008年第7期，第35-42页；张志云：《明初冕服礼制考论》，《故宫学刊总第四辑》，紫禁城出版社，2009年，第172-179页。

不过似乎更专注明初之制；而专著之中，也有不少述及[1]，却又稍显简略。本文拟对明代冕服的制度及其实际作一探讨。

一、见于制度的明代冕服

明代冕服制度为明太祖建国之初所创定。"圣祖有天下之初，凡有制度，命翰林儒臣稽考古今隆杀之宜以闻，令中书省具奏，上为裁定"。[2] 洪武元年（1368年）二月二十七日，翰林学士陶安等请制天子五冕，太祖以五冕礼太繁，定只用衮冕，祭天地、宗庙则服之[2]。十一月二十七日，礼部翰林等官议定乘舆以下冠服之制，定皇帝祭天地、宗庙及正旦、冬至、圣节朝会，册拜皆服衮冕；皇太子从皇帝祭天地、宗庙、社稷及受册，正旦、冬至、圣节朝贺，加元服、纳妃被衮冕九章；诸王受册、助祭、谒庙，元旦、冬至、圣节朝贺，加元服、纳妃服衮冕九章[3]。二年（1369年）八月，诏诸儒臣修纂礼书，"参考古今制度，以定一代之典"[4]。次年告成，赐名《大明集礼》[5]。"其书取周官吉、凶、军、宾、嘉五礼为纲，而加以冕服、卤簿、仪仗、律乐、字学且多绘图焉"。[3] 元年所定冕服制度，即详载是书，并附图式（图1）。不过此书当时并未颁行，直至嘉靖九年（1530年）始予刊布[6]。洪武四年（1371年）正月初四，礼部太常司、翰林院议定皇帝亲祀圜丘、方丘、宗庙及朝日、夕月服衮冕[7]。洪武十六年（1383年），以国初所定冕服尚未详备，命儒臣参考古制斟酌得宜，七月十七日诏更定冕服之制[8]。洪武二十二年（1389年）九月十三日，诏定王世子用衮冕七章，凡遇天寿圣节、皇太子千秋节并正旦、冬至进贺表笺、告天祝

---

1. 如周锡保、崔圭顺（后改名为崔然宇，即后文提到的최연우）、张志云、阎步克、王熹等人于其书中都多少不等地对明代冕服有所论及，见周锡保：《中国古代服饰史》，中国戏剧出版社，1984年，第13-46页；［韩］崔圭顺：《中国历代帝王冕服研究》，东华大学出版社，2007年；张志云：《明代服饰文化研究》，湖北人民出版社，2009年，第134-161页；阎步克：《服周之冕：〈周礼〉六冕礼制的兴衰变异》，中华书局，2009年，第412-416页；王熹：《明代服饰研究》，中国书店，2013年。
2. 《明太祖实录》卷三十，洪武元年二月戊辰条。
3. 《明太祖实录》卷三十六，洪武元年十一月甲子条。
4. 《明太祖实录》卷四十四，洪武二年八月庚寅条。
5. 《明太祖实录》卷五十六，洪武三年九月乙卯条。
6. 《大明集礼》的初修与刊布，见赵克生：《〈大明集礼〉的初修与刊布》，《史学史研究》2004年第3期。嘉靖年间的刊布，与最初的版本有别，见向辉：《消逝的细节：嘉靖刻本〈大明集礼〉著者与版本考略》，《版本目录学研究》第七辑，北京大学出版社，2016年，第221-240页。
7. 《明太祖实录》卷六十，洪武四年正月戊子条。
8. 《明太祖实录》卷一百五十五，洪武十六年七月戊午条。

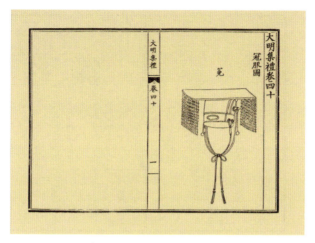

图1 《大明集礼》冠服图式，明内府刻本

寿，世子冕服随班行礼[1]。

洪武二十四年（1391年）六月四日，更定冠服、居室、器用制度。皇帝、皇太子、亲王冕服仍旧制，但章服画衣、绣裳、蔽膝皆易以织文；世子衮冕七章，青纩充耳，金簪导，圭易以九寸[2]。值得注意的是，元年所定着用衮冕九章之人为"诸王"，而二十四年所定则是"亲王"，虽然只是一字之差，却已将异姓王排除在穿用冕服的序列之外，尽管明初的异姓王均属追赠。换句话说，至此，冕服才完全不复君臣共享的古制，制度上始限于皇室成员穿着。洪武二十六年（1393年）三月二十五日，《诸司职掌》书成，诏刊行颁布中外[3]。此书"仿唐六典之制，自五府、六部、都察院以下诸司，凡其设官分职之务类编为书"[4]，后来成为编纂《大明会典》的蓝本[5]。二十四年改定的冕服制度，具见此书，但不附图式。洪武一朝所定冕服制度（表1），文献所见，大体如此。

太祖崩后，建文帝继位，对冕服又有更定。建文二年（1400年），奉敕编纂的《皇明典礼》刊行，此书"专纪皇家宗室之礼"，预期"始乎宗室，化及万民"。[4]书

1　《明太祖实录》卷一百九十七，洪武二十二年九月戊寅条。

2　《明太祖实录》卷二百九，洪武二十四年六月己未条。

3　《明太祖实录》卷二百二十六，洪武二十六年三月庚午条。

4　《明太祖实录》卷二百二十六，洪武二十六年三月庚午条。

5　关于此书，见鞠明库：《〈诸司职掌〉与明代会典的纂修》，《史学史研究》2006年第2期；柏桦、李倩：《论明代〈诸司职掌〉》，《西南大学学报（社会科学版）》2014年第4期。

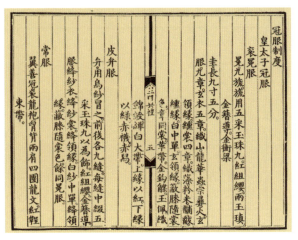

图2 《皇明典礼》冠服制度,明建文二年内府刊本

中"冠服制度"记当时更定的冕服制度(图2),其中未记皇帝衮冕,但详记皇太子、亲王,皇太孙、王世子、郡王,皇曾孙、王世孙、郡王世子(后世称长子)的衮冕之制(表2)。[5] 由其等第,可知其时得以穿用冕服的皇室成员的范围,较洪武朝明显有所拓宽。又,是书卷首御制序后署曰"建文二年春正月初吉序",而定制必在成书之前,刊刻颁行亦需时日,据此推断定制当在建文元年。按洪武制度,虽力求详备,似仍有阙。如王世子尚定其衮冕之制,而皇太孙、郡王冕服未定其制,就不合情理。《皇明典礼》所载正有皇太孙、郡王冕服,并与王世子所用衮冕之制同。由于建文帝在位仅四年,其年号后被明成祖革除,相关史事也被删削,《皇明典礼》长期湮没不彰,书中所载冕服制度在明代制度史上影响甚微。

嘉靖八年(1529年),以小宗入继大统的明世宗大礼之议已定,在一系列制礼作乐中遂又改制冕服。议定更正的皇帝古制冕服,万历十五年(1587年)刊行的《大明会典》详载其制。万历《会典》在正德六年(1511年)刊行的《大明会典》的基础上续修而成[1],此书卷六十冠服总论记:"国朝上下冠服,皆损益前代之制,具载《大明集礼》及《职掌》。嘉靖初,又厘正衮冕及朝祭等服,而武弁、燕弁、保和、

---

1 明代会典的编纂,见山根幸夫撰,熊远报译:《明代的会典》,中国社会科学院历史研究所明史研究室编:《明史研究论丛》第六辑(中国社会科学院历史所暨明史研究室成立50周年纪念专辑),黄山书社,2004年,第43–55页;鞠明库:《试论明代会典的纂修》,《西南大学学报(社会科学版)》2007年第6期;原瑞琴:《万历〈大明会典〉纂修成书考析》,《历史教学》2009年第24期;原瑞琴:《〈大明会典〉版本考述》,《中国社会科学院研究生院学报》2011年第1期。

表1 洪武年间冕服制度

序号	冕服构件		洪武元年定			洪武十六年定	洪武二十二年定	洪武二十四年定			
			皇帝	皇太子	诸王	皇帝	王世子	皇帝	皇太子	亲王	王世子
1	圭		—	—	—	—	长七寸、阔三寸、厚半寸,刻上左右各半寸	—	—	—	九寸
2	冕	冕板 广	一尺二寸	—	—	—	—	—	—	—	—
		冕板 长	二尺四寸	—	—	—	—	—	—	—	—
		冕板 色相	玄表朱里	—	—	玄表纁里	—	—	—	—	—
		冕板 形态	—	—	—	前圆后方	—	—	—	—	—
		旒 数目	12	9	9	12	7	—	—	—	—
		旒 采数	5		5	5	3	—	—	—	—
		旒 采目	—	—	—	—	朱、白、苍	—	—	—	—
		簪导	玉簪导	金簪导	金簪导	玉簪导	—	—	—	—	金簪导
		充耳	两瑱	两玉瑱	青纩充耳	黈纩充耳	—	—	—	—	青纩充耳
		组缨	朱缨	红丝组缨	红丝组缨	红丝组缨	—	—	—	—	—
3	衣	色相	玄	玄	青	玄	青质	—	—	—	—
		章目	6	5	5	6	3	—	—	—	—
		章文	日、月、星辰山、龙、华虫	山、龙、华虫火、宗彝	山、龙、华虫火、宗彝	日、月、星辰山、龙、华虫	火、宗彝、华虫	—	—	—	—
		技法	画	画	画	织	—	织	织	织	—
4	裳	色相	纁	纁	纁	黄	纁	—	—	—	—
		章目	6	4	4	6	4	—	—	—	—
		章文	宗彝、藻、火、粉米、黼、黻	藻、粉米、黼、黻	藻、粉米、黼、黻	宗彝、藻、火、粉米、黼、黻	藻、米、黼、黻	—	—	—	—
		技法	绣	绣	绣	绣	—	织	织	织	—

序号	冕服构件		洪武元年定			洪武十六年定	洪武二十二年定	洪武二十四年定			
			皇帝	皇太子	诸王	皇帝	王世子	皇帝	皇太子	亲王	王世子
5	中单		素纱黼领	白纱黼领	白纱黼领，青缘	白罗黼领，青缘襈	素青领襈	—	—	—	—
6	蔽膝	材质	红罗	缥色	缥色	黄色	赤色	—	—	—	—
		尺寸	上广一尺、下广二尺，长三尺	—	—	—	—	—	—	—	—
		章目	3	2	2	3	—	—	—	—	—
		章文	龙、火、山	火、山	火、山	龙、火、山	—	—	—	—	—
		技法	绣	绣	绣	绣	—	织	织	织	—
7	革带		玉钩䚢	金钩䚢	金钩䚢	玉革带	—	—	—	—	—
8	佩玉	尺寸	长三尺三寸	—	—	—	用白玉	—	—	—	—
9	大带		素表朱里，两边用缘上以朱锦，下以绿锦	白表朱里，上缘以红，下缘以绿	表里白罗，朱、绿缘	白罗大带，红里	—	—	—	—	—
10	大绶	采数	6	5	—	6	3	—	—	—	—
		采目	黄、白、赤玄、缥、绿	赤、白、玄缥、绿	—	赤、黄、黑白、缥、绿	紫、黄、赤	—	—	—	—
		材质	纯玄质	纯赤质	—	—	玄组绶用紫质	—	—	—	—
		密度	五百首	三百二十首	—	—	—	—	—	—	—
		小绶	三，色同大绶	三，色同大绶	—	三，色同大绶	—	—	—	—	—
		环	三玉环	三玉环	—	三玉环	二白玉环	—	—	—	—
11	袜		朱袜	白袜	白袜	黄袜	—	—	—	—	—
12	舄		赤舄	赤舄	朱履	黄舄，金饰	赤舄	—	—	—	—

※据《明太祖实录》《大明集礼》《诸司职掌》编制。

表2　建文年间冕服制度

序号	冕服构件		皇太子	亲王	皇太孙 （王世子、郡王）	皇曾孙 （王世孙、郡王世子）
1	圭		长九寸五分	一	长九寸	一
2	冕	旒 数目	9	9	7	5
		旒 采数	5	5	3	2
		簪导	金簪导	金簪导	金簪导	金簪导
		衡梁	金衡梁	金衡梁	金衡梁	金衡梁
		充耳	两玉瑱	两玉瑱	两玉瑱	两玉瑱
		组缨	红组缨	红组缨	红组缨	红组缨
3	衣	色相	玄	青	青	青
		章目	5	5	4	3
		章文	山、龙、华虫、宗彝、火	山、龙、华虫、宗彝、火	山、华虫、宗彝、火	华虫、宗彝、火
		技法	织	织	织	织
		领缘	玄	青	青	青
4	裳	色相	纁	纁	纁	纁
		章目	4	4	3	2
		章文	藻、粉米、黼、黻	藻、粉米、黼、黻	藻、粉米、黻	藻、粉米
		技法	织	织	织	织
		缘	纁	纁	纁	纁

序号	冕服构件		皇太子	亲王	皇太孙 （王世子、郡王）	皇曾孙 （王世孙、郡王世子）
5	中单		白，玄领缘	白，青领缘	白，青领缘	白，青领缘
6	蔽膝	材质	缥	缥	缥	缥
		章目	4	4	3	2
		章文	藻、粉米、 黼、黻	藻、粉米、 黼、黻	藻、粉米、黻	藻、粉米
		技法	织	织	织	织
7	革带		金钩𫔯	金钩𫔯	金钩𫔯	金钩𫔯
8	佩玉		—	—	—	—
9	大带		绯白，上缘以 红，下缘以绿	绯白，上缘以 红，下缘以绿	绯白，上缘以 红，下缘以绿	绯白，上缘以 红，下缘以绿
10	绶		织锦绶	织锦绶	织锦绶	织锦绶
11	袜		赤袜	赤袜	赤袜	赤袜
12	舄		赤舄	赤舄	赤舄	赤舄

※ 据《皇明典礼》编制。

忠静等冠服，特出创制，今备列焉"。[6]除载录嘉靖制度外，较诸正德《会典》，万历《会典》又多出永乐三年（1405年）定的制度（表3）。按永乐制度，得以穿用冕服之人，包括皇帝、皇太子、亲王、世子、郡王，但长子不在其列（图3）。与明代历朝的冕服制度相比，永乐制度最为规整、详备。在具体的冕服构成上，永乐制度最明显的不同在于不用革带。

表3　永乐三年、嘉靖八年冕服制度

序号	冕服构件			永乐三年定					嘉靖八年定
			皇帝	皇太子	亲王	世子	郡王	皇帝
1	圭			长一尺二寸，剡其上、刻山四。以黄绮约其下，别以袋韬之，金龙文	长九寸五分，以锦约其下，并韬	长九寸二分五厘，以锦约其下，并韬	长九寸，以锦约其下，并韬	长九寸，以锦约其下，并韬	白玉为之。长尺二寸，剡其上，下以黄绮约之，上刻山形四。盛以黄绮囊，藉以黄锦
2	冕	冕板	广	一尺二寸	—	—	—	—	二尺二寸
			长	二尺四寸	—	—	—	—	二尺四寸
			色相	玄表朱里	玄表朱里	玄表朱里	玄表朱里	玄表朱里	玄表朱里
			形态	前圆后方	前圆后方	前圆后方	前圆后方	前圆后方	前圆后方
		旒	数目	12	9	9	8	7	12
			采数	5	5	5	3	3	7
			采目	赤、白、青、黄、黑	赤、白、青、黄、黑	赤、白、青、黄、黑	赤、白、青	赤、白、青	黄、赤、青、白、黑、红、绿
		簪导		玉簪	金簪	金簪	金簪	金簪	玉簪
		衡		玉衡	玉衡	玉衡	玉衡	玉衡	玉衡
		充耳		鉙纩充耳（黄玉），白玉瑱	青纩充耳（青玉），白玉瑱	青纩充耳（青玉），白玉瑱	青纩充耳（青玉），白玉瑱	青纩充耳（青玉），白玉瑱	青纩充耳，缀以玉珠二
		组缨		朱纮	朱纮缨	朱纮缨	朱纮缨	朱纮缨	朱缨
3	衣		色相	玄	玄	青	青	青	玄
			章目	8	5	5	3	3	6
			章文	日、月、龙在肩，星辰、山在背，火、华虫、宗彝在袖，每袖各三	龙在肩，山在背，火、华虫、宗彝在袖	龙在肩，山在背，火、华虫、宗彝在袖	火一在肩，其二与华虫、宗彝各三在两袖	粉米一在肩，其二并藻、宗彝各三在两袖	日月在肩，各径五寸，星山在后，龙、华虫在两袖
			技法	织成	织成	织成	织成	织成	织
			缘	本色领襟襈裾	本色领襟襈裾	本色领襟襈裾	本色领襟襈裾	本色领襟襈裾	—

序号	冕服构件		永乐三年定					嘉靖八年定
			皇帝	皇太子	亲王	世子	郡王	皇帝
4	裳	色相	纁	纁	纁	纁	纁	黄
		章目	4	4	4	4	2	6
		章文	藻、粉米、黼、黻	藻、粉米、黼、黻	藻、粉米、黼、黻	藻、纷米、黼、黻	黼、黻	火、宗彝、藻为二行，米、黼、黻为二行
		技法	织	织	织	织	织	绣
		形制	前三幅，后四幅，不相属，共腰有襞积，本色绅裼	前三幅，后四幅，不相属，共腰有襞积，本色绅裼	前三幅，后四幅，不相属，共腰有襞积，本色绅裼	前三幅，后四幅，不相属，共腰有襞积，本色绅裼	前三幅，后四幅，不相属，共腰有襞积，本色绅裼	前三幅，后四幅，连属如帷
5	中单	材质	素纱	素纱	素纱	素纱	素纱	素纱
		缘饰	青领褾襈裾	青领褾襈裾	青领褾襈裾	青领褾襈裾	青领褾襈裾	青缘领
		黻文	十三	十一	十一	九	七	十二
6	蔽膝	玉钩	玉钩二	玉钩二	玉钩二	玉钩二	玉钩二	—
		色相	纁	纁	纁	纁	纁	黄
		章目	4	4	4	4	2	—
		章文	藻、粉米、黼、黻	藻、粉米、黼、黻	藻、粉米、黼、黻	藻、粉米、黼、黻	黼、黻	上龙一，下火三
		技法	织	织	织	织	织	绣
		装饰	本色缘，有紃施于缝中	本色缘，有紃施于缝中	本色缘，有紃施于缝中	本色缘，有紃施于缝中	本色缘，有紃施于缝中	—

（续表）

序号	冕服构件		永乐三年定					嘉靖八年定
			皇帝	皇太子	亲王	世子	郡王	皇帝
7	佩玉	金钩	二	二	二	二	二	—
		小绶 数目	二	二	二	二	二	—
		小绶 采数	6	4	4	4	4	—
		小绶 采目	黄、白、赤、玄、缥、绿	赤、白、缥、绿	赤、白、缥、绿	赤、白、缥、绿	赤、白、缥、绿	—
		小绶 材质	缥质	缥质	缥质	缥质	缥质	—
		缘饰	云龙文、描金	云龙文、描金	云龙文	云龙文	云龙文	—
		形制	二，各用玉珩一。瑀一、琚二、冲牙一、璜二、瑀下有玉花、玉花下又垂二玉滴。自珩而下系组五，贯以玉珠	二，各用玉珩一。瑀一、琚二、冲牙一、璜二、瑀下有玉花、玉花下又垂二玉滴。自珩而下系组五，贯以玉珠	如东宫佩制	如亲王佩制	如亲王佩制	—
8	大带		素表朱里，在腰及垂皆绅，上绅以朱，下绅以绿，纽约用素组	素表朱里，在腰及垂皆有绅，上绅以朱，下绅以绿，纽约用青组	素表朱里，在腰及垂皆有绅，上绅以朱，下绅以绿，纽约用青组	素表朱里，在腰及垂皆有绅，上绅以朱，下绅以绿，纽约用青组	素表朱里，在腰及垂皆有绅，上绅以朱，下绅以绿，纽约用青组	素表朱里，上缘以朱，下以绿，不用锦
9	革带		无	无	无	无	无	前用玉，其后无玉以佩绶系而掩之
10	大绶	小绶	三，色同大绶	三，色同大绶	三	三	三	—
		环 —	三玉环	三玉环	二玉环	二玉环	二玉环	—
		环 纹样	龙文	龙文	龙文	—	—	—
		环 技法	织成	织成	织成	织成	织成	—
		— 采数	6	4	4	4	4	—
		— 采目	黄、白、赤、玄、缥、绿	赤、白、缥、绿	赤、白、缥、绿	赤、白、缥、绿	赤、白、缥、绿	—
		材质	缥质	缥质	缥质	缥质	缥质	—
11	袜		赤袜	赤袜	赤袜	赤袜	赤袜	朱袜
12	舄		赤舄，舄用黄绚纯，黄饰舄首	赤舄，舄用黑钩纯，黑饰舄首	赤舄，舄用黑钩纯，黑饰舄首	赤舄，舄用黑钩纯，黑饰舄首	赤舄，舄用黑钩纯，黑饰舄首	赤舄，黄绦缘，玄缨结

据万历《大明会典》编制。

图 3 《大明会典》永乐制度皇帝衮冕，明内府朱丝栏写本

二、所谓的"永乐三年定"制度

永乐三年所定衮冕之制，万历《会典》始见，而弘治朝业已成书的正德《会典》未载。正德《会典》成书、刊行在前，万历《会典》续成在后，永乐三年如确有改制，按理不当独见于后出之书。那么，万历《会典》所载"永乐三年定"的冕服制度，依据又是什么呢？

北京市文物局图书数据中心藏有明代冠服、仪仗的设色图式 6 册（图 4），后以《明宫冠服仪仗图》之名出版，在稿本整理出版前言中，整理者提到"我们将这部分稿本文字表述（冠服制度的文字表述）与明万历年间申时行奉敕重修的《大明会典》中的文字表述进行比对，发现我中心所存《明宫冠服仪仗图》稿本的图文，与《大明会典》的相关章节文字完全一致，而且稿本的绘图多于《大明会典》的线图。《大明会典》的著者申时行把这些几乎完全一致的部分，确定为'永乐三年'定制"[1]。

---

1 北京市文物局图书数据中心编：《明宫冠服仪仗图》，北京燕山出版社，2015 年，第 2、3 页。又见李之檀、陈晓苏、孔繁云：《珍贵的明代服饰资料——〈明宫冠服仪仗图〉整理研究札记》，《艺术设计研究》2014 年第 1 期，第 24 页。

图4 《明宫冠服仪仗图》洪武制度
中的皇太子玄衣，明内府彩绘本

《明太宗实录》记载："永乐三年十月二十日，礼部进冕服、卤簿、仪仗图，并《洪武礼制》《礼仪定式》《礼制集要》《稽古定制》等书。成祖曰"议礼制度，国家大典，前代损益，固宜参考，祖宗成宪，不可改更。即命颁之所司，永为仪式"[1]。整理者据《明太宗实录》所记及《宪章类编》转录的这则记载，认为万历朝重修《会典》时判定永乐三年定制的依据即此[2]。由此，崔然宇、温少华、金志园译注万历《会典》冠服制度时，也以永乐三年定制的史料来源就是《明宫冠服仪仗图》[3]。不过，察《明太宗实录》所记，《洪武礼制》《礼仪定式》《礼制集要》《稽古定制》俱洪武朝所编纂，与冕服、卤簿、仪仗图又均属"祖宗成宪"，冕服、卤簿、仪仗图显然也应该是洪武朝所绘制。因此，《明宫冠服仪仗图》的整理者曾提出"明永乐时的《冕服卤簿仪仗图》，最初应绘制于洪武时期"[4]。《明宫冠服仪仗图》与冕服、卤簿、仪仗图的关系，整理者认为《明宫冠服仪仗图》稿本残本"应源于明永乐时的《冕服卤簿仪仗图》，虽然我们不能肯定地说它就是《冕服卤簿仪仗图》的残本，但它源自《冕服卤簿仪仗图》，并且是《大明集礼》《明会典》的底本源头，应该是不错的"[5]，却仍将稿本中的制文认定为永乐三年所定。《明宫冠服仪仗图》既然源自冕服、卤簿、仪仗图，而冕服、卤簿、仪仗图又"绘制于洪武时期"，那显然是洪武定制而非永乐定制，即便是永乐三年的"永为

1　《明太宗实录》卷四十七，永乐三年十月壬午条。礼部所进冕服、卤簿、仪仗图，无论是《明宫冠服仪仗图》稿本的出版整理者还是后续的研究者，均作《冕服卤簿仪仗图》，很容易给人一种三者实属一套的感觉，为避免误解，本文除引用他人所述外，冕服、卤簿、仪仗图不加书名号。

2　北京市文物局图书数据中心编：《明宫冠服仪仗图》，北京燕山出版社，2015年，第3页。又见李之檀、陈晓苏、孔繁云：《珍贵的明代服饰资料——〈明宫冠服仪仗图〉整理研究札记》，《艺术设计研究》2014年第1期，第24页。

3　최연우、원샤오화、김지원：《대명회전 만력본 관복제도 역주》(《〈大明会典〉万历本冠服制度译注》)，단국대학교출판부，2021年，第25-27页。

4　李之檀、陈晓苏、孔繁云：《珍贵的明代服饰资料——〈明宫冠服仪仗图〉整理研究札记》，《艺术设计研究》2014年第1期，第25页。李之檀等人的整理研究札记后在作为稿本整理出版前言收入《明宫冠服仪仗图》时，这句话被删除。

5　北京市文物局图书数据中心编：《明宫冠服仪仗图》，北京燕山出版社，2015年，第5页。又见李之檀、陈晓苏、孔繁云：《珍贵的明代服饰资料——〈明宫冠服仪仗图〉整理研究札记》，《艺术设计研究》2014年第1期，第25页。

仪式"，也只能说是恢复祖制而非定制。此外，由于两部《会典》纂修的体例不一，万历《会典》所载制度定制的年份有的也与实际有所出入[1]，即便真如万历《会典》所记有"永乐三年定"的制度，实际上也可能是早于永乐三年所定。由此，如果万历《会典》所记永乐制度的文献依据果真是《明宫冠服仪仗图》，那显然不是永乐三年所定。那么，是否有更为有力的证据呢？

　　明朝建立之初，高丽来附，太祖曾从其国王之请赐给亲王等级的九章冕服[2]。建文四年（1402年），朝鲜已代高丽立国，建文帝亦准国初所定规制颁赐朝鲜国王"亲王九章之服"[3]。永乐元年（1403年），朝鲜国王请赐冕服、书籍，成祖"命礼部具九章冕服、五经四书"等赐之[4]。成祖所赐冕服，具载《朝鲜太宗实录》[5]，后又以图说的形式收于《朝鲜世宗实录》所附的《五礼》，及基于《五礼》编纂而成的《国朝五礼仪》。在这些域外之书中，永乐元年钦赐冕服的各个组成构件巨细无遗，均被详细开列，其中亦无革带。永乐元年钦赐的这套冕服，按其制度，同于万历《会典》记载的永乐三年所定之制[6]。关于这套冕服，《朝鲜太宗实录》还引录了明朝礼部的一则咨文。咨文提及永乐元年七月初三日，礼部钦奉圣旨，内云"他（朝鲜国王）又奏请国王冕服及书籍，这是他知慕中国圣人之道，礼文之事，此意可嘉。冕服照依父皇旧例体制造，书籍整理给与他"[7]。"照依父皇旧例体制造"，表明所赐冕服遵用的是洪武制度。此外，又有一事，可作为永乐年间衮冕遵用洪武制度的旁证。永乐九年（1411年）十一月十日，皇太孙加冠于华盖殿，此前礼部进冠礼仪注，议定皇太孙"冕服如皇太子，玉圭如亲王"[8]。此皇太孙衮冕之制拟于皇太子，也当是沿用洪武制度。洪武末年，皇太子已薨，时为皇太孙的建文帝年幼，而强藩在外，因此太祖定皇太孙衮冕之制如此。建文帝继位后，改皇太孙衮冕与王世子、郡王之制同，实则

1　如万历《会典》所记洪武二十六年定的皇帝、皇太子、亲王、世子衮冕制度，实际上是洪武二十四年所定，之所以记为洪武二十六年定，乃因纂修凡例的变更，见최연우，원샤오화，김지원：《대명회전 만력본 관복제도 역주》，pp.18-28.

2　见《明太祖实录》卷四十五，洪武二年九月丙午条；《明太祖实录》卷五十五，洪武三年八月辛酉条。高丽国王获赐冕服的具体组成，详见郑麟趾撰：《高丽史》，《四库全书存目丛书》第160册，史部，齐鲁书社，1996年，第717页。

3　《朝鲜太宗实录》卷三，建文四年二月己卯条。

4　《明太宗实录》卷二十一，永乐元年六月辛未条。

5　《朝鲜太宗实录》卷六，永乐元年十月辛未条。

6　相关研究，见徐文跃：《明代朝鲜冕服研究——以〈国朝五礼仪〉为中心》，张伯伟主编：《域外汉籍研究集刊》第十七辑，中华书局，2018年，第123—141页。

7　《朝鲜太宗实录》卷六，永乐元年九月甲申条。

8　《明太宗实录》卷一百二十一，永乐九年十一月丁卯条。

比太祖定制更为合理。不过，在礼部钦奉颁赐朝鲜国王冕服的圣旨中，成祖指斥建文帝"不仁不孝，故违祖训"[1]。建文改制，有违祖训，靖难功成，成祖继位之初，布告天下"所有合行庶政"，内一条云"建文以来，祖宗成法有更改者，仍复旧制"[2]。永乐三年，又谕"祖宗成宪，不可改更"[3]。据此，无论是永乐元年所赐朝鲜国王冕服还是永乐九年所定皇太孙冕服，用的自然是洪武制度。万历《会典》记载的所谓"永乐三年定"的冕服制度，实际上仍是洪武制度，只是具体为洪武何年所定，正德《会典》又何以不载，今已难得其详。

三、嘉靖年间的更正古制

嘉靖八年（1529年），世宗疑冕弁之制未合典制，遂命张璁议定更正古制冕服。此举由世宗起意，而张璁[4]赞成之。"袜、舄之色"最早议定，[7]圭、带制度次之。世宗疑于"冕弁之内皆有革带之文，今却无见于用"[5]，张璁奏称内阁所藏冕弁服制只图注大带而不见革带，不用革带则蔽膝、绶、佩无从附着，乃不得已附属裳腰之间，有失古制[6]。世宗认为冕服所缺革带，当复古制，又以当时所用蔽膝、大带之制异于《会典》所载，令"与革带系佩、绶、蔽膝之式"别绘图式进呈[7]，又命"增革带、佩、绶及圭，图注来看"[8]，张璁于是具图说呈览[9]。更正古制冕服，兹事体大，世宗不无顾虑[10]。张璁解释其所具图说皆本《集礼》《会典》，并非改易祖宗成法，只是内阁所藏图注不同，当有更正，并请改正"诸王府及臣下朝祭之服"[11]。同时，又议衣裳制度。世宗指出衣身过长，不可通掩其裳，宜露裳之六章，裳如帷幔之制，命张璁详考[12]。张璁复奏，谓衣裳各六章实为古制，且同国朝初制，具见《集礼》《会

1　《朝鲜太宗实录》卷六，永乐元年九月甲申条。
2　《明太宗实录》卷十，洪武三十五年七月壬午条。
3　《明太宗实录》卷四十七，永乐三年十月壬午条。
4　张孚敬即张璁，嘉靖十年以名嫌御讳奏请更名，世宗赐名孚敬。
5　张孚敬：《谕对录》卷十，第166页上栏。
6　张孚敬：《谕对录》卷十，第166页下栏。
7　张孚敬：《谕对录》卷十，第168页下栏。
8　张孚敬：《谕对录》卷十，第168页下栏。
9　张孚敬：《谕对录》卷十，第169页下栏。
10　张孚敬：《谕对录》卷十一，第170页下栏。
11　张孚敬：《谕对录》卷十一，第171页上栏。
12　张孚敬：《谕对录》卷十，第168页下栏。

典》。衣裳六章，义各有取，衣不该掩裳，而当时内阁所藏图注，衣八章、裳四章，衣常掩裳，宜有更正[1]。接奏，世宗随就更制事宜，令张璁详定。其事目为：

一、衣六章，古曰绘者画也，今当织之。朕命织染局查得国初冕服，日、月各径五寸大，今当从之。以日、月于两肩，星、山于后，龙与华虫于两袖，仍玄色。

二、裳六章，古曰绣，今当从之。但衣玄所以象干，裳黄所以象坤，此乃黄帝虞舜之制。今裳用纁色，恐无以取象乾坤也。其六物当作四行，以火、宗彝钟（雌）虎、藻为二行，米、黼、黻为二行，卿其详之。

三、革带后无玉，须将佩、绶系而掩，如曰革带即束带，后当用玉，而以佩、绶系之于下也。

四、蔽膝虽曰随裳色，其所绣物皆以衣之物，如火、龙、山是也。朕惟用山恐弗宜，惟火与龙可也。当上用一龙，下以火三，未知可否？[2]

接奉谕旨，张璁"用原进图册，遵奉宸翰贴黄处更正注说进览"[3]。增用的革带因原先裳色用纁故用朱，今改裳色为黄，又请示革带用色，并将"诸王府暨臣下之服一体更正"[4]。后来君臣议定，冕服图注由世宗敕下内阁，命礼部等议上施行[5]，阁臣杨一清等请将内阁所藏图画一一更正[6]。最终，详拟允当，世宗谕令择吉更正制造，各王府并内外文武官一体更正[7]。其后又议群臣朝祭冠服。论及方心曲领、环绶通织成一幅，以为均非古制，遂亦将天子冕服郊祀时所用方心曲领厘正不用，冕弁之服环绶一并更定[8]。

嘉靖九年（1530年），礼部集议各王府所用衮冕冠服当改正者[9]。礼官以为《集礼》《会典》与内阁秘图所记不一，当以秘图为正，并乞请正其差谬，再颁示各

1　张孚敬：《谕对录》卷十一，第171页上栏。
2　张孚敬：《谕对录》卷十一，第171页下栏至172页上栏。
3　张孚敬：《谕对录》卷十一，第172页上栏。
4　张孚敬：《谕对录》卷十一，第172页上栏。
5　张孚敬：《谕对录》卷十一，第172页上栏至173页上栏。
6　林尧俞等纂修，俞汝楫等编撰：《礼部志稿》卷六十三，第52页上栏，第55页下栏至56页下栏。
7　《明世宗实录》卷一百一，嘉靖八年五月庚子条。
8　张孚敬：《谕对录》卷十二，第191页上栏至192页上栏。
9　《明世宗实录》记礼部集议改正各王府衮冕冠服未及具体时间，但与后续的记事系于嘉靖九年，见《明世宗实录》卷一百十一，嘉靖九年三月丙辰条。《王国典礼》则明确提到"嘉靖九年礼部题各王府所用衮冕冠服当改正者"，其后内容同于《实录》所记礼部集议的内容，见朱勤美：《王国典礼》卷二，《四库全书存目丛书》史部第270册，齐鲁书社，1996年，第67页下栏。

藩，俾一例遵守。世宗命礼臣议处[1]。其后，又议更制王府冕弁[2]，议定：自郡王而上，冕冠、玉圭、中单、大带、蔽膝、大小（绶）、袜、舄，各仍旧无议；青衣纁裳，系应禁之物，当造自内府，须奏请颁给；玉带、玉环、玉佩，听自为之[3]，嗣后以为定式[4]。据此，其时亲、郡王等的冕服并予改正，且亦增用革带。

由冕服改制的过程，可知万历《会典》所载嘉靖八年改定的皇帝衮冕，如衣、裳、革带、蔽膝之制，大都出乎圣心、断自渊衷，最后由张璁绘图注说（图5），遂成定式。然而，嘉靖年间更正的古制，万历《会典》所载，或有疏失。如带鞓之色，旧随裳色，裳色用纁带则用朱，后改裳色为黄，所以张璁请示革带用色[5]，虽未见有明谕，于理当有定议；嘉靖九年各王府冕服曾一体改正，但厘正后的亲、郡王等冕服制度，付之阙如，又不及皇太子之制。又，洪武制度中的冕，冕板广一尺二寸、长二尺四寸，而嘉靖改制后的冕板长二尺四寸、广二尺二寸，近乎正方形，殊失古制。据明神

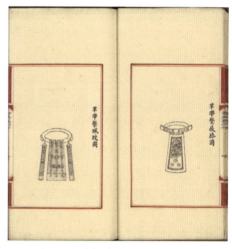

图5 《大明会典》革带系蔽膝图、革带系佩绶图，明内府朱丝栏写本

图6 明神宗冕冠，定陵出土

宗定陵所出实物，冕板尺寸近于嘉靖改制前的尺寸（图6）。显然，广二尺二寸乃广一尺二寸之误。

1　《明世宗实录》卷一百十一，嘉靖九年三月丙辰条。
2　张孚敬：《谕对录》卷十五，第220页上栏。
3　《明世宗实录》卷一百十一，嘉靖九年三月丙辰条；朱勤美：《王国典礼》卷二，第67页下栏至68页上栏。
4　《明世宗实录》卷一百十一，嘉靖九年三月丙辰条。
5　张孚敬：《谕对录》卷十一，第172页上栏。

四、冕服相关的内阁秘图

张璁、杨一清等及礼官议礼，都曾提到内阁所藏图注（也称为秘图、图画）。其内容包括"冕弁服制"[1]，也就是冕服、皮弁服，而其等第至少包括皇帝、亲王、郡王、世子（诸人均未提及皇太子）。张璁议礼"皆本之《大明集礼》，而《会典》所载亦同"[2]，礼官议礼则"以秘图为正"[3]，虽然二者所据不同，但从各自的奏议中可知内阁秘图所绘之制，与《集礼》《会典》所记不同。秘图只图注大带而不见革带[4]；皇帝衮冕衣八章、裳四章[5]；中单之领不用织黼，黼文之数亲王、郡王、世子各有等差；

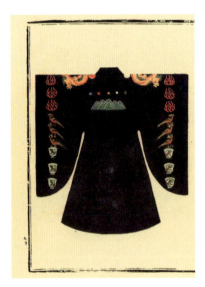

图7 《明宫冠服仪仗图》所谓永乐制度中的皇帝玄衣，明内府彩绘本

锦绶以玉为环，施之绶间，不以织丝代玉；蔽膝，亲王、世子四章，织藻、粉米、黼、黻各二，郡王二章，无藻、粉米[6]。礼官以为"此皆秘图所载，而《会典》《集礼》则纂修之或略且误也"[7]。对照《明宫冠服仪仗图》内所谓永乐制度中的冕服图式，皇帝衮冕衣饰八章、裳饰四章（图7），亲王、郡王、世子中单上黼文用画绘且有等差，绶缀玉环不以丝织，蔽膝上章文亲王与世子四章、郡王二章，均与张璁及礼官所说内阁秘图上的情形一致。据此，《明宫冠服仪仗图》内所谓永乐制度中的冕服、皮弁服这部分图式，至少应在内阁秘图之列。

礼文难详，则绘图以明，礼图的编绘不仅是学问上也是现实中的需要。明代亦有冠服、仪仗相关的礼图。建文二年（1400年）内府刊

---

1 张孚敬：《谕对录》卷十，第166页上栏。
2 张孚敬：《谕对录》卷十一，第171页上栏。
3 《明世宗实录》卷一百十一，嘉靖九年三月丙辰条。
4 张孚敬：《谕对录》卷十，第166页下栏。
5 张孚敬：《谕对录》卷十一，第171页上栏。
6 《明世宗实录》卷一百十一，嘉靖九年三月丙辰条。
7 《明世宗实录》卷一百十一，嘉靖九年三月丙辰条。

本《皇明典礼》仪仗、妆奁下皆以小字注云"制度别见图式"[1]，可知原有图式。永乐十九年（1421年），取南京图书贮于北京宫中左顺门北廊，正统间奉圣旨移贮文渊东阁，内有"《冕服图》一部一册，完全、《冠服图》一部三册，完全、《朝服图》一部三册，完全、《卤簿图》一部七册，完全"。[8]成化间，钱溥将早年所见内阁藏书整理成《秘阁书目》，亦有"冕服图一、冠服图三、朝服图二、卤簿图七"。[9]嘉靖年间的内阁秘图，虽然部册不明，但上述诸图当在其中。万历二十三年（1595年），孙能传、张萱等受命校理内阁藏书，编为《内阁藏书目录》。[10]该书卷四图经部载录"嘉靖间绘进"诸图[2]，内有《冠服》一册"皆中宫以下及郡主冠服式"[3]，而《明宫冠服仪仗图》内所谓永乐制度中冕弁之外的图式恰是皇后以至郡主的冠服；《朝服图》一册"皆文武诸臣朝服、公服、常服衣履带笏之式"[4]，《明宫冠服仪仗图》内所谓洪武制度中群臣冠服的图式恰也包括群臣的朝服、公服、常服。此《冠服》《朝服图》各一册或即《明宫冠服仪仗图》内相应的图式。其余《冕服图》《衮冕冠服图》[5]，或亦见存于《明宫冠服仪仗图》，但难以遽断。至于未详绘制、进呈年月的《大驾卤簿》《中宫卤簿》《仪仗》册等[6]，是否见存于《明宫冠服仪仗图》，亦难考证。

关于内阁秘图与礼书所记不合的原因，张璁认为乃"因官司织造，传习唐宋之末制"[7]，杨一清等人以为"司造之官乃徇习近讹，弗谙古义，遂至失真"[8]，均未提及内阁秘图反映的是永乐制度。即便是以内阁秘图作为改制依据的礼官，在集议时同样也未提及内阁秘图所记制度的定制年代。如内阁秘图原有"永乐三年定"字样，世宗据古改制，张璁、杨一清等及礼官当有所言及，张璁、杨一清等也断不敢指其"讹谬"[9]。《明宫冠服仪仗图》内所谓永乐制度的制文，皇帝冕服，及皇太子以至郡王冕服、皮弁服、常服均未冠以"永乐三年定"字样，惟皇帝皮弁服、常服与万

---

1 佚名：《皇明典礼》，第21a、34a页。
2 清初黄虞稷《千顷堂书目》卷九仪注类所记类同，字稍有异，当即出此。
3 孙能传、张萱等：《内阁藏书目录》卷四，第57页上栏。
4 孙能传、张萱等：《内阁藏书目录》卷四，第57页上栏。
5 孙能传、张萱等：《内阁藏书目录》卷四，第56页下栏、57页上栏。
6 孙能传、张萱等：《内阁藏书目录》卷四，第57页下栏。
7 张孚敬：《谕对录》卷十一，第171页上栏。《明世宗实录》作"盖因官司织造循习前代讹谬而然"，见《明世宗实录》卷一百一，嘉靖八年五月庚子条。
8 《明世宗实录》卷一百一，嘉靖八年五月庚子条。《礼部志稿》所录杨一清等题本作"司造之官乃徇袭近讹，勿谙古义，遂至失真"，见林尧俞等纂修，俞汝楫等编撰：《礼部志稿》卷六十三，《景印文渊阁四库全书》第598册，史部，政书类，台湾商务印书馆，1986年，第52页上栏。
9 《明世宗实录》卷一百一，嘉靖八年五月庚子条。

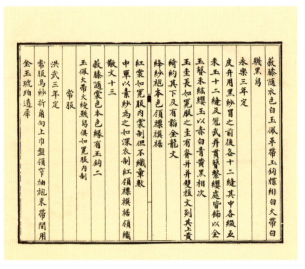

图8 《明宫冠服仪仗图》中"永乐三年定"皮弁服制文，明内府彩绘本

历《会典》一致，冠以"……年定"字样（图8）。正德《会典》所记制度"各以书名冠于本文之上"，而万历《会典》改此凡例，"皆称年分，不用书名"，才以"……年定"标示相应制度[1]。此外，再就文本而言，万历《会典》记所谓永乐制度中的皮弁服，"玉佩、大带、大绶、袜、舄，俱如冕服内制"[2]，此语不见于正德《会典》，却见于《明宫冠服仪仗图》。而正德《会典》所记，冕弁之服中至少大带、袜、舄三者之制不同。[11]据此，嘉靖改制时，张璁等人提到的内阁秘图，原先并没有所谓永乐制度的制文，冕弁之服内玉佩、大带、大绶、袜、舄相同之制，亦非嘉靖改制的结果。《明宫冠服仪仗图》中记述所谓永乐制度制文的这部分内容，当是万历间重修《会典》时所续入，并非原有。至于这部分内容的依据，文献阙略，已难考见。

五、实际使用的明代冕服

如果说文献的记述难免抽象，图像的表现则更为具体，实物的展示更能真实地反映实际的情形。中国国家博物馆现藏有明初李贞、李文忠父子的两轴大像，早年

---

1 对万历《会典》编纂体例的研究，见최연우、원샤오화、김지원：《대명회전 만력본 관복제도 역주》，pp.18-28.
2 申时行等修，赵用贤等纂：《大明会典》卷六十，第202页下栏。

图9　李贞冕服像（左）和李文忠冕服像（右），中国国家博物馆藏

曾经修护，但大体仍存旧貌。像中二人均着冕服，搢圭端坐宝座之上（图9）。目前所知，这两轴冕服像不仅是国内可见最早，也是周礼辐射范围内东亚世界中现存最早的两轴写实冕服像，弥足珍贵。李贞，太祖姐夫，洪武十一年（1378年）薨，追封陇西王；李文忠，太祖外甥，洪武十七年（1384年）薨，追封岐阳王，配享太庙，肖像功臣庙。[12]父子二人均薨于洪武二十四年（1391年）改定亲王冕服制度之前，所着冕服当用洪武元年制度，但像上所见又与制度稍有不同。

　　二人所戴之冕，冕板均前有弧度，后作平直，且周围一圈缘以红色，此即制度中的“前圆后方”“玄表朱里（朱缘里）”。旒珠均前后九旒，每旒九玉，按制诸王当用五采，薨于洪武二十二年（1389年）的鲁荒王，其旒珠即作红、白、青、黄、黑五采（图10），而李贞用红、青、白三采，李文忠似只用白色一采。穿缀旒珠之缫，洪武十六年（1383年）定用五采，所谓的永乐制度亦用五采，李贞、李文忠父子所用均为五采。充耳之制，洪武制度，诸王用“青纩充耳”，不及玉瑱，但洪武二年（1369年）制太庙德祖、懿祖、熙祖、仁祖四帝冕服已用“两瑱”[1]，《明宫冠服仪仗

1　《明太祖实录》卷三十八，洪武二年正月己未条。

图10　鲁荒王冕，山东博物馆藏

图》所绘洪武制度中的冕也用青纩充耳及白玉瑱。所谓的永乐制度用青纩充耳，承
以白玉瑱。李贞用青纩充耳，充耳、玉瑱均用青玉，共四颗；李文忠充耳、玉瑱均
用白玉，同样是四颗。悬挂充耳之纮，洪武制度未详，《明宫冠服仪仗图》内洪武制
度及所谓的永乐制度用玄纮。李贞亦用玄纮，李文忠玄纮则被修复为朱纮，不过另
一侧的玄纮尚有迹可循。衡之材质，洪武制度未详，所谓的永乐制度用玉衡，李贞
用青玉衡，李文忠用金衡。簪导，诸王用金，李贞用墨玉，李文忠用金。

　　所用青衣，章文布列，像上所见合于《明宫冠服仪仗图》中的洪武制度，但礼
图所用龙纹均作五爪，而二人所用只作四爪，稍有微异。纁裳，章文被青衣、蔽膝
所掩，像上只见黻纹。蔽膝，随裳色，火、山二章，虽然部分为大带所掩，像上尚
可见及。革带，洪武制度只提及用金钩䚢，其他未详，像上所见，均用红鞓。李贞
带上玉事件略呈桃心形，与《明宫冠服仪仗图》中皇帝革带之图同，惟用玉钩䚢；
李文忠带上玉事件作葵花形，同于鲁荒王玉带明器上所见（图11），但像上钩䚢未
能表现。大带，洪武制度"素表朱里，两边用缘，上以朱锦，下以绿锦"，《明宫冠
服仪仗图》内所谓永乐制度中的大带之图（图12），同于洪武元年之制。李贞、李
文忠父子所用大带，合于制文、礼图。又，李贞大带上所用朱锦为球路纹锦，制文
未曾提及，礼图亦未表现。舄，洪武制度诸王用朱履，未及其他，所谓的永乐制度
用赤舄，黑絇纯，黑饰舄首，李贞、李文忠父子均用赤舄，舄首李贞用黑饰而李文
忠似用金饰。据此，李贞、李文忠父子所用冕服，十二章中之龙虽作四爪，但饰有
章文的衣、裳、蔽膝，与革带均遵洪武制度，而冕冠则合于《明宫冠服仪仗图》内

图11 鲁荒王玉带明器，山东博物馆藏

图12 《明宫冠服仪仗图》
所谓永乐制度中的大带，明
内府彩绘本

洪武制度及所谓的永乐制度，大带、赤舄合于《明宫冠服仪仗图》内所谓的永乐制度。这也表明，除衣、裳、蔽膝章文有异，革带使用与否外，所谓的永乐制度与洪武制度多有相同之处。

嘉靖年间更正冕服，世宗、张璁君臣在谕对中提及诸多失制之处，如不用革带，从而导致蔽膝、佩玉、大绶无从系挂，不得已附属裳腰之间[1]；蔽膝不合《大明会典》制度[2]；大带之缘用锦，而当时用素[3]；衣八章、裳四章，故衣常掩裳[4]；郊祀时冕服上用方心曲领，"又以红、绿带各寸许长二三尺后交结，垂于背后"[5]；环、绶以织文为之，通织成一幅[6]。这些失制之处，其时君臣并未提及始自何年，但大体已见于《明宫冠服仪仗图》中所谓的永乐制度，可见由来已久。其中，明代天子郊祀，冕服用方心曲领，《集礼》《会典》诸书均未提及。不过，当时朝鲜的冕服也用方心曲领。朝鲜冕服所用方心曲领，始见于《国朝五礼仪》，但详列颁赐朝鲜国王、世子冕服的礼部咨文与敕谕，及《国朝五礼仪》据以成书的《五礼》，均未记钦赐的冕服中有此物件。《国朝五礼仪》所记方心曲领，"旁有两缨，左绿右红"，同样也有红、

1　张孚敬：《谕对录》卷十，第166页下栏；《明世宗实录》卷一百一，嘉靖八年五月庚子条。
2　张孚敬：《谕对录》卷十，第168页下栏；《明世宗实录》卷一百一，嘉靖八年五月庚子条。
3　张孚敬：《谕对录》卷十，第168页下栏；《明世宗实录》卷一百一，嘉靖八年五月庚子条。
4　张孚敬：《谕对录》卷十一，第171页上栏；《明世宗实录》卷一百一，嘉靖八年五月庚子条。
5　张孚敬：《谕对录》卷十二，第191页下栏；《明世宗实录》卷一百八，嘉靖八年十二月丁丑条。
6　张孚敬：《谕对录》卷十二，第192页上栏；《明世宗实录》卷一百八，嘉靖八年十二月丁丑条；《明世宗实录》卷一百十一，嘉靖九年三月丙辰条。

绿两条带子，正合嘉靖厘正前的制式。冕服至重，《国朝五礼仪》所记的方心曲领无疑应有事实的依据，而此书刊行于成化十一年（1475年）。据此推断，至迟在成化十一年，天子郊祀所用冕服已加方心曲领，后世沿用，直至嘉靖八年（1529年）因不合古制而革除。

明代冕服最重要的实物，出自定陵，计有冕冠两顶，佩玉两挂，小绶两件，镇圭、革带、大带、裳、蔽膝、大绶各一，较诸嘉靖制度亦有异同。两顶冕冠完残不一，旒珠，一用四采，一用五采，均非制度中的七采；充耳之制，均用青纩充耳，承以两白玉瑱；玉衡，一用白玉，一用青玉；簪导，一作玉簪，一作金簪；冕板，保存相对较好的一顶，尺寸较小，不合嘉靖制度。[13] 203 玉佩两挂，用白玉，通长79.5厘米，稍异常制，珩、瑀、琚等上刻云龙纹，描金。[13] 210 小绶两件，即佩玉所用的"佩带" 1，用织金锦制成，用五采，而非制度中的六采。[13] 210 白玉镇圭，上刻山形四，描金。[13] 121 革带已残，只存前面部分，带鞓用黄，可补制度之阙。缀有玉带板十三块，圆桃内中间一块形制稍异，带有方形孔，发掘报告称"当系挂玉佩之用"。[13] 211 大带，用红罗制成，发掘报告称腰及垂上"均以罗缘边，罗色同带"，亦即均用红色，似与制度不符，大带中间缀丝绦。[13] 207 黄罗帷裳，绣六章，粉米、黼、黻为二行，火、宗彝、藻为二行，在外侧，[13] 121 与万历《会典》图式所见粉米、黼、黻在外侧不同，或为揭取时所误置（图13）。红罗蔽膝，上绣龙一，下绣火三，本色缘，以三色十二股丝绒编结的绦带即纫装饰于三面接缝中，上部两端残留钉挂钩的丝线（图14）。[13] 94, 131 大绶，与丝网一体用织金锦制成，用五采，而非制度中的六采，上缀小绶三，未见玉环（图15）。[13] 121

六、结论

综上所述，试作几点结论如下：

1. 明代冕服制度，太祖初创并加完善，继而建文、嘉靖年间又有改定。万历《会典》详记洪武定制及嘉靖间改定之制，此外又记有正德《会典》不载的永乐三年更定之制。实际上，并没有所谓"永乐三年定"的冕服制度，这一制度应是礼书阙

1　明朝赐给朝鲜国王、王世子冕服中均有"缥色妆花佩带一副"，即此小绶，见《朝鲜太宗实录》卷六，永乐元年十月辛未条；《朝鲜文宗实录》卷一，景泰元年五月庚申条。

图13　明神宗裳，定陵出土

图14　明神宗蔽膝，定陵出土　　图15　明神宗大绶、小绶（佩带），
定陵出土

载的洪武末年之制。

2. 嘉靖年间更正古制冕服，皇帝冕服厘正后，郡王以上衮冕均曾一体改正，但万历《会典》记皇帝冕服改定之制，未及亲、郡王等的衮冕制度，实有阙略。即便是所记改定后的皇帝衮冕之制，也有疏失。

3. 嘉靖年间的内阁秘图，包括见存于《明宫冠服仪仗图》内所谓永乐制度中的冕服、皮弁服图式。《明宫冠服仪仗图》中与冕弁图式相对应的制文当是万历间重修《会典》时所续入，并非原有。万历年间内阁所藏绘"中官以下及郡主冠服式"的《冠服》、绘"文武诸臣朝服、公服、常服衣履带笏之式"的《朝服图》各一册，或亦见存于《明宫冠服仪仗图》。

4. 明初实际使用中的冕服，已与制度上的规定有所出入。明初画像所见，当时所用冕服虽遵洪武初制，但也多与所谓的永乐制度相合，所谓的永乐制度与洪武初制多有相同之处。传世文献、出土实物表明，冕服在实际中的使用并不严格遵照制度上的规定，制度上的规定也不全然反映实际中的执行，这种差异直至明末一直存在。

参考文献

[1] 徐文跃. 明清时期冕服在东亚、东南亚的流布——从李贞冕服像说起 [J]. 紫禁城, 2022(8): 129-149.

[2] 黄佐. 翰林记 [M]// 佚名. 丛书集成新编（第30册）. 台北：新文丰出版公司, 1985: 91.

[3] 林尧俞, 俞汝楫. 礼部志稿 [M]// 佚名. 景印文渊阁四库全书（第597册）. 台北：台湾商务印书馆, 1986: 7.

[4] 佚名. 皇明典礼 [M]. 北京：国家图书馆出版社, 2014: 1b.

[5] 徐文跃.《皇明典礼》冠服制度考述 [M]//《文津学志》编委会. 文津学志（第11辑）. 北京：国家图书馆出版社, 2018: 461-473.

[6] 申时行, 赵用贤. 大明会典 [M]//《续修四库全书》编委会. 续修四库全书.（第790册）. 上海：上海古籍出版社, 2002: 196.

[7] 张孚敬. 谕对录 [M]// 四库全书存目丛书（第57册）. 济南：齐鲁书社, 1996: 166.

[8] 杨士奇. 文渊阁书目 [M]// 佚名. 丛书集成新编（第 1 册）. 台北：新文丰出版公司，1985: 698.

[9] 钱溥. 秘阁书目 [M]//《四库全书存目丛书》编委会. 四库全书存目丛书（第 277 册）. 济南：齐鲁书社，1996: 2.

[10] 孙能传，张萱. 内阁藏书目录 [M]//《续修四库全书》编委会. 续修四库全书（第 917 册）. 上海：上海古籍出版社，2002: 56−57.

[11] 徐溥. 大明会典 [M]. 北京：国家图书馆出版社，2014: 1a−2b.

[12] 瞿兑之. 李文忠集传附李贞事迹 [M]// 中国营造学社. 岐阳世家文物考述. 北京：中国营造学社，1932: 1−21.

[13] 中国社会科学院考古研究所，定陵博物馆，北京市文物工作队. 定陵 [M]. 北京：文物出版社，1990.

第三章 衣脉相承——明代服饰展示利用

从明代服饰谈博物馆对古代服饰文化的展示及相关设计

高叶环[1]

摘　要： 对于文物及与之相关联的历史文化，展示并阐释其中的信息，通过设计使之应用于现代生活，是博物馆参与社会生活功能中的两个方面。这两项工作均为博物馆设计理念、艺术性及创造力的体现。服饰以其用与美在人类生活中起着重要的作用。本文以明代服饰为例，探讨博物馆传播古代服饰文化的相关设计工作，以及符合博物馆客观条件、使服饰类文物资源更充分地应用于社会的设计方法。研究首先从文物保护、历史背景、明代思想观念对社会生活的影响、审美与礼仪、工艺纹饰等方面分析明代服饰文物中的文化元素，以及展览陈列中基于对文物信息的解读和服饰类文物材质特点的展示方式，并从文化传承的方式与核心、社会需求、服饰及生活用品设计、体验活动策划等角度思考服饰类文物资源应用于现代设计的途径。

关键词： 明代服饰；文物展示；陈列设计；文创设计；

　　博物馆收藏和展示的是我们国家各个历史阶段文化艺术精华、优美的部分。作为博物馆和博物馆的工作者，对现代和未来公众的审美，对文化艺术的发展，应承担引导的作用和社会责任。但是博物馆在创新方面的工作，往往是在跟随社会时下的流行，有些时候，跟风成了一种习惯的思维模式。探索符合

---

1 高叶环，首都博物馆高级工艺美术师，主要研究方向为博物馆展览陈列与艺术设计。

博物馆客观条件，使文物文化资源更充分地应用于社会的设计方法，是可以深入思考的问题。

一方面，服饰类文物因其材质的特殊性在博物馆的文物保管保护及展陈工作中都有较多的要求和限制；另一方面，服饰类文物大多形象华美，工艺精巧，可看性很强，与生活贴近又有些神秘，往往会引起观众的关注和兴趣。同时，对于博物馆的衍生品设计及文化活动是非常好的创作素材。

关于明代服饰，在其历史背景、形制、纹样、材质、印染织绣技术以及文物保护等多个方面，学者们都已经取得了比较深入全面的研究成果，为未来的研究以及文化传播工作提供了大量的参考。收藏于各个博物馆的明代服饰，相当一部分文物原件或复制品在展览中展出或曾经展示过。

在关于传统物质文化对于现代生活及时尚的作用的研究中，明代服饰作为古代汉族服饰文化"上承周汉，下取唐宋"之作，且为时间距今最近的汉制服饰，适宜对其进行分析与借鉴。本文以明代服饰为例，探讨博物馆传播古代服饰文化的相关设计工作，主要包括展览陈列设计、现代服饰及相关衍生品设计、文化活动设计。

一、展示与创新的基础

（一）对美的探寻

服饰以其用与美在人类生活中起着重要的作用。首先，在对某一历史时期服饰类文物的学习和分析中，了解当时对于美的追求，特别是对于服饰以及对于服饰的使用者——人的审美是做好各项工作的基础之一。另外，历代服饰也是研究相对应历史时期社会审美的重要物质资料。

在对文物的展示与创新中，美都是其中不可或缺的因素。在展示中，依托一件文物可以传达出多方面的历史信息。通过一件古代服饰，不仅可以从工艺技术、服饰制度、穿着方式等角度进行诠释，也能从中映射出社会的精神气质、审美及其思想根源。以古代服饰资料为基础而进行创新设计的工作，相对于将具象的造型配色等元素植入现代生活物品设计而言，延续民族美的基因、继承传统美感则具有更深层的意义。

社会审美的发展变化受多种因素影响，其中思想观念起着重要的作用。明代社会思想经历了从理学到心学的发展过程，尤其明代中晚期在中国古代思想史中是一个较为活跃的时期。思想的转变使得以文人为代表的社会各阶层的观念及行为发生了变化，自然也对时人关于美的意识产生了一定的影响。

明代建立之初，即确立"程朱理学"为官方主流思想，并在等级制度的基础上建立起严格复杂的社会行为规范。文化教育以明教化、行先贤之道为主旨。程朱理学的核心思想"理一分殊"被运用到现实的社会事务中，具体到个人行为则需要符合其身份等级以实现社会的运转。[1]程朱理学思想之下的社会主流审美追求美与善的统一，符合"理"与"道"的境界和要求，提倡美的教化意义。此时对于美的追求与表现，是以社会等级及道德意义为基础和规范的。

明代中期心学兴起，其发展在一定程度上使时人思想观念包括对美的认知发生了转变。王守仁（1472—1529年），号阳明，其心学思想被称为阳明心学。张廷玉言："阳明之学即出，天下宗朱（熹）者，无复几人矣。"曾国藩云："王阳明矫正旧风气，开出新风气，功不在禹下。"蔡元培语："明之中叶王阳明出，中兴陆学，而思想界之气象又一新焉。"可见阳明心学在明代中晚期对社会思想的影响之大。"宗守仁者曰姚江之学，别立宗旨，显与朱子背驰，门徒遍天下，流传逾百年。"（《明史·儒林传》）。明中晚期思想家艺术家多为王阳明弟子或有师承关系，使其理论学说及美学思想广为流传。

阳明心学的核心思想如"心即是理""知行合一""致良知"等相对于明代早期的主流理学思想显然为社会各阶层提供了新的思维方式。[2]"心虽主于一身，而实管乎天下之理；理虽散在万事，而实不外乎一人之心。"王阳明主张"理""道"与"良知"不假外求，"功夫不离本体，本体原无内外"。关于"知"与"行"的关系，其主张的"知行合一"显然与理学要求的"格物致知""知先行后"存在根本的差别。"良知本然"，若要达到"致良知""知行合一"的人生境界需存心养性，向内求索，祛除心内对良知的"遮蔽"。《孟子·告子下》有言："人皆可以为尧舜。"王阳明认为"圣人为人人可到"。每个人都可以通过"致良知"达到圣人之境。王阳明的思想主张，对于唤醒独立人格、提升个人自尊自信、展示个性激发创造力等个人与社会的思想转变起到了推动的作用。从理学到心学的转变，民众思想意识的基础发生了变化，审美的变化也自然随之发生。

思想与美是不可分的，心学本身便包含了"美"的内涵。讲究修养心性，崇尚清雅闲适的生活，追求内心的澄明，以顺应自然为美。审美及精神追求的转变自然影响时人对于服饰的选择。此外，社会思想的变化对于与服饰密切相关的工艺美术题材也产生了影响。明代装饰图案较为通俗地反映世俗观念，至明中后期，表达福、寿、多子等人生祈愿的题材得到更为广泛的使用。

（二）仪礼的变迁

服饰的设计与使用在古今都与"礼"有着密切的关联。历代服饰也间接反映出对行为举止、仪态的约束和适应。

《御制大明律序》中，明太祖朱元璋写道："朕有天下，仿古为治，明礼以导民，定律以绳顽，刊著为令，行之已久。"明礼与定律在明初即作为承袭古代的治天下之方。明初洪武年间即制定了涉及社会生活多个方面的礼仪制度。

明代统治注重礼制，也反映于服饰形制。历代礼的概念含有多种因素，在明代服饰中更突出地表现为社会阶层的约束，对于服饰款式、面料、纹饰等使用均有明确的规定。明代服饰仪制细致且涵盖广泛，用于社会等级身份的区分。从帝、后、宫廷、官员到各社会阶层及职业，着装配饰有律制和规矩。尤以宫廷为代表的社会上层，依时令节气、庆典仪式、政务及生活场景等限制，相关规定更为细致讲究。尤其明初服饰仪制非常严格，以重典整饬。衣冠服饰严格到由法律约束限制，逾制即可作定罪之依据，即"以辨贵贱，明等威。违者，罪之。"

礼作为民族文化的一部分，在现代社会的延续和发展，渗透于衣食住行的方方面面，服饰自然于其中起到一定的作用。研究古代服饰需要结合其与礼的关系，现代服饰设计中也仍需考虑礼仪的因素。现代生活中的着装礼仪，更注重符合穿着的场合、得体、尊重他人，还需适合着装者个人。

以在博物馆参观展览的活动为例，服饰的选择首先考虑不影响其他观众，当以保持安静，不过于引人注目为原则。展厅的环境是经过整体规划的，目的是让观众在适当的氛围中参观，以展示内容——图文、展品、辅助展品及场景为主体。奇装异服或艳丽的色彩出现在其中，会在一定程度上改变展厅氛围及层次感，使观众关于展览内容的注意力受到吸引而分散。另外，展厅内一般会使用金属、玻璃等反光材质，包括展品本身，比如陶瓷器皿容易受环境色的影响，而改变固有色的呈现。展品多陈列于玻璃展柜，通常绘画、摄影或其他平面类的作品被装在镶有玻璃面的画框中，鲜艳的色彩及浅色更容易在玻璃中形成映像，出现明显的色块，扰乱观众观看展品的视线。即使低反射玻璃也不能做到完全不产生映像，且成本较高目前未在博物馆中广泛使用。虽然一些展厅铺设地毯，最好也避免穿走路会发出声音的鞋。参观在一定程度上也是体力劳动并且耗费相当的时间，舒服的鞋对于参观者非常重要。背包过大可能影响其他观众，过重会增加使用者体力的消耗。总体而言，参观展览适宜便于活动色彩含蓄的服饰，一般深色较浅色为宜，配饰不过于夸张。当然，如果是需要观众参与凸显色彩冲突以渲染气氛的展览则另当别论。如果考虑到展厅中空调温度而选择服装的面料质地以及厚度，也会使自己更为舒适。因此，符合参观展览礼仪的着装，既尊重了其他观众参观的感受，也让自己的参观体验更为轻松和愉快。

衣着装束受社会服饰制度、观念习俗、风尚等因素制约和影响，同时也带有个人的选择性。即使如明代严格的社会等级制度下，服饰也在一定程度上反映个体思想和喜好。现代社会个人对于服装和配饰的选择，有更多自由自主的空间，与自身修养、审美及思想观念相关。

二、与古代服饰相关的陈列设计

服饰类文物具有很高的观赏性，因其美丽精致及与生活的贴近作为展品非常吸引观众，其中精品往往成为展览中令人驻足赞叹的部分。而在展览中引起关注的同时也会引发诸多联想和困惑。由于古今服饰存在一定的差别，经常有观众在展示现场讨论诸如怎样穿着、对于正常人的身高比例有些服装的尺寸似乎不太合适、用途或适用条件、穿在身上的效果和感受等。比如袖子的长度就很容易引起观众的困惑。以明代为例，许多衫袍中衣等服其两袖通长远远大于现代服装。一般而言，这些问题在观展中并没有获得答案。在许多有关古代服饰的展览中，一方面观众的疑惑未能得到解答，另一方面，由于筹备的仓促和条件的限制，许多重要的文物信息经常未能在展示中实现有效地传达。关于服饰类文物的陈列设计尚需从一些方面进行深入思考。

（一）服饰类文物信息解读分析

以明代服饰为例，一件服饰类文物的展示可以传达给观众不同方面多层次的信息，帮助观众了解所展示的文物，以及文物所反映的社会生活、文化思想、艺术成就。而从观众的角度，不同知识结构的观众对一件服饰类的文物也会产生多种关注点。根据服饰类文物的特性，展示中需要传达的文物信息主要有以下几点：

1.基于时代的特性及风貌。比如明代服饰有着严格的礼制规定，未沿袭元代服饰形制，主张恢复汉制，成为汉族服饰的集大成者。由于社会礼仪制度和思想观念等因素的变化发展，明代早中晚期的服饰也呈现出不同的特征。具体到某一用途或形制的服饰也有其各自的特殊性。

2. 关于服饰的主人或服饰的用途。明代服饰中的各品类一般对应特定的社会阶层和用途。[3]如朝服、公服、吉服、素服、常服等，在这方面都可延展出多层次大量信息。具体到单组件服饰，各有其适用的范围，有一些可追溯出地域、使用者、用途等，乃至相关联的其他类文物或文献。

3. 服饰的穿着使用方式及功能效果。明代服饰的结构与现代服饰存在区别，穿着使用的方式和穿着后的效果对于多数观众并非一目了然。此外，所展示的服饰文物在所属历史时期的生活中，会搭配的衣装和配饰，以及穿着使用时携带物品的方式、舒适度、灵活性、保暖或凉爽透气的效果等，也都是观众感兴趣并且在资料允许的情况下需要传达的信息。

4. 材质、产地及工艺技术。明代科技发达，天文、物理、数学、农业、医学、地理等各方面都有突破性的成就，中晚期出现了《本草纲目》《天工开物》《农政全书》等著作。手工业技术水平极高，丝绸、陶瓷等作为珍贵物品行销海外。服饰在历史中的发展变化一方面与社会制度和思想观念有很大关系，另一方面受技术水平的推动和制约。明代服饰的成就与当时的棉花种植规模、织造业的技术水平和运行机制密不可分。[4]服饰中涉及材质多样，除织物面料之外，皮毛、金属、玉石珠宝等等均为常用，材料的多样自然涉及种类更为繁多的制作技艺。

5. 服饰形制及其来源和变化发展过程。根据现有的研究成果，明代服饰形制来源及演变过程较为清晰。多种款式非常具有时代气息、造型独特，易于引起关注，在展示中适宜进行深入解析。例如女装中的霞帔、背子、比甲、裙子等。

6. 纹饰的解读。纹饰各有其名称和含义，是服饰中非常重要的部分，不仅是形式美感的主要因素之一，且在等级规范和寓意方面起着重要的作用。纹饰来源和演变过程复杂而有趣，包含着丰富的信息。

此外，尚有多方面信息适合在服饰类文物的展示中向观众传达，例如古代服饰特征与社会环境的关系，服饰与生活的关系等。

（二）服饰类文物展示的常见问题

服饰类文物在展示中有一些经常遇到的问题需要在方案设计中有所关注。

由于质地和结构的脆弱，对文物保护条件的要求比较高。丝织品对于保存和展示的环境有温湿度和照度的要求，受具体数据的限制。尤其是照度的要求，形式设计中对于照明需要在符合文物安全的基础上考虑观众体验，如对文物精美细节的展示效果和空间氛围的营造。

一些文物的移动和放置需要非常谨慎，如年代久远或质地纤细轻薄的织物、有残损容易加重损坏的文物、有经镶嵌粘接缝缀等技术附着的易脱散部分、结构精细复杂或工艺精致易于受损的文物等。此类文物对于陈列的方式有诸多要求，还可能需要展具和支架的辅助。

传统的服装基本属于平面剪裁，加之文物保护的各种要求，古代服装及织物类饰品在通常情况下以平面展示，平铺或斜面的角度比较安全但有可能损失观看效果。仅从文物本身受重力影响的因素而言，展示面角度越接近水平，安全性越高，珍贵脆弱的古代丝质类文物一般水平放置。一些质地不易受损的服装采用垂直角度悬挂或吸附在背板上展示。对于头冠、鞋履及各种配饰，一般采用直接放置于展示台面的方式更为安全。

水平或接近水平的斜面展示角度对于小件服饰类文物的陈列一般可兼顾安全性和展示效果。例如荷包等小件织物，展示面与展柜玻璃的高度设计得当即可。存在的问题是一方面单面展示文物比较容易，如需双面或全面展示可能需要增加辅助的展具设计，另一方面是需要兼顾成年人与儿童的身高。此外，这种展示角度更适宜近距离观看，距离远时对参观效果影响大，且容易使观众聚集。在展陈设计的整体规划中，对于这样的文物展示需要合理安排参观流线及周围观众通道的宽度。大件服饰类文物的展示面如果采取此种角度，在以上问题的基础上，展示效果可能受到更大影响，展柜设计制作符合文物安全的难度相对增加。当面积过大的文物水平或接近水平角度展示时，加之丝织类文物对照度的限制，文物距离观众较远的部分很难被清晰观看，拍照也难以获得不使文物图像变形的角度。即使单件文物置于独立展柜且周围均为观众通道，观众可以围绕该件展品参观，也难以看清文物全部细节，尤其是文物中心的部分。大尺寸的服饰类文物水平展示可能涉及定制展柜。有时玻璃可直接覆盖于文物之上，但更多情况需要展柜玻璃与文物保持一定距离。展柜玻璃位于文物上方，玻璃的重量和质量对文物安全造成隐患。展柜平面尺寸如超过整片玻璃的面积，两片或两片以上玻璃的拼接会形成更多的安全隐患，布展及展柜密封处理的流程需要特别注意。柜内空间的增大使丝织类文物的温湿度控制更为不易，尤其一些北方城市，展厅整体湿度易受季节变化的影响。

越是比较脆弱的服饰类展品文物保护的要求和展示的效果之间往往会存在一定

的矛盾。因为不同于其他陈设类的器皿，服饰在实际使用时与平铺放置时形态差别更大，在被穿戴时会因材质的挺括程度或硬度而随人的身体发生一定的变形，衣服的整体外观从平面变为立体，配饰有些会围绕身体，有些会部分被隐藏遮盖。如果质地脆弱的服装前后两面都需要展示，平铺或吸附于实体展墙的垂直悬挂都难以展示服装的全貌。由于服饰中可能有扣襻等相对立体的细节，且受重力的影响，夹于双层玻璃之间的方式存在难度，制作需要较长的周期。

还有一些文物由于织物变色、残损等问题，直接展示无法向观众呈现文物的原貌。经过修复的文物或复制品由于同文物真实状态存在差别，难以满足研究与观赏诉求较高的观众。

涉及服饰类文物的展示，有一些属于主题与服饰相关的专题展览，还有一些是在综合数类文物的展览中有服饰类文物的展示。展览的主办方或主要展品的提供者有可能是以服饰为主题的博物馆或研究收藏等机构，也有可能是综合类的博物馆、各种非服装专业的组织机构或个人。在专题展览中，上展文物以服饰类文物为主，策划筹备的阶段会对服饰文物的展示方式、展具及辅助展品的设计制作进行较为深入的研究。以服饰为主题的博物馆及各类相关机构，对于服饰类文物的展示多有比较充足的研究和经验积累。以具体文物为例，如果已具备深入的研究成果，有专属的文物保护包装和定制的展具，对于展览内容与形式的设计都会有所帮助。在非专题的展览中，服饰类文物展示的常见问题则更为突出，要达到理想的展示效果，需要预先做好艺术性、观众体验度、文物安全等方面有针对性的准备工作。

（三）服饰类文物的展示方式

服饰类文物在展示中需要向观众传达信息或展示工作中存在的一些难点和经常遇到的问题。在各类文物的展览工作中，服饰类文物的展示相对于多数其他种类的文物在内容与形式上都需要做较多的考虑。通过展陈设计实现对文物信息及展览内容完整而有效地传达、展现文物并保护文物的安全之外，还需对空间及叙事方式的艺术性以及观众的参观体验等进行全面的构思。设计中常用的方式方法以及新技术新材料都可以成为解决问题、获得良好效果的方案。

有条件的情况下，做好前期的准备工作可以为文物的展示提供帮助与保障。根据文物情况制定合理的展览筹备周期，策展团队针对展品的特点，对叙事方式、知识点及观众诉求进行综合考虑。对于在展示中有难度的文物预先完成信息采集、展具制作等准备，以配合文物陈列及辅助展示方式。一些展具的设计制作与文物的使用状态、在展示中被使用的频率及展示方式相对应。馆藏服饰文物中部分长期保存于文物库房，部分长期在展线中展示。不宜长期展示的文物可能阶段性展出，也有一些重要文物经常被借展。相应的展具的设计制作除基本的艺术性及支撑保护文物以辅助展示的作用之外，有针对性地为文物定制长期使用的展具还需要结合保管、巡展等要求。

"用"与"美"是服饰文化中重要的部分，也是服饰实物的展示中需要呈现的基本内容。实用性包含了人体对于保护性与舒适性的基本需求以及对礼仪制度思想观念的适应。服饰物品本身即包含美的属性，如美丽的纹饰、色彩、造型，表现为奢华之美、朴素之美等。服饰在被使用的状态下又赋予了使用者与自身结合而产生的美，且因使用者的区别而产生不尽相似的美感，包含形体容貌以及风韵气质仪态等，或威仪或娴静或端庄或娇柔或肃穆或飘逸。对于容貌风度的欣赏，个体由于主观因素影响存在很大的差异，社会整体风气也在不断变化。明代杨慎借女性形体之美论画与字："《画谱》言'周昉画美人多肥，盖当时宫楚贵戚所尚'，予谓不然。《楚辞》云'丰肉微骨调以娱'，又云'丰肉微骨体便娟'，便是留佳丽之谱予画工也；盖肉不丰，是一生色髑髅，肉丰而骨不微，一田家新妇耳。""譬之美人然，东坡云：'妍媸肥瘦各有志，玉环、飞燕谁敢轻。'又曰：'书生老眼省见稀，图画但怪周昉肥。'此言非特为女色评，持以论书画可也。予书与陆子渊论字，子渊云：'字譬如美女，清妙清妙，不清则不妙。'予戏答曰：'丰艳丰艳，不丰则不艳。'子渊首肯者再。"气度之美与各历史阶段社会风气、精神状态、思想意识存在一定的关联。通过历代服饰的展示可在一定程度上探求古代社会的物质与精神生活。

如何向观众展示服饰类文物的使用方法、使用效果和使用体验，显然在对文物的展示之外还需要辅助的设计语言。由于文物安全对展示条件与方式的限制，服饰类文物中一些有展示价值的部分被遮蔽隐藏，无法近距离观看，符合标准的照明条件下难以清晰展现文物细节。文物所包含的历史文化艺术等多方面信息需要在有限的空间内有效传达。另外还有服饰类文物展示中易于出现的一些常见问题。这些都需要在陈列设计中找到解答的途径，并不断提出具有创新性与艺术性的方案。

场景设计是依据现有研究成果再现古代生活图景的生动直观的方法之一。对于古代服饰穿用效果的展示往往涉及文物复原仿制和人形模特的制作。场景设计需要与场地条件、参观动线、参观节奏相结合，需要考虑与大纲及文物的对应关系。相对于常规的文物陈列点位设计，场景对文物和内容的表现可能会占用更多的空间。

通常在展览中场景的设计会在展线中阶段性出现，用于解读部分展品或形象地展现大纲内容。在条件符合有关标准的情况下，场景中展示的可以是文物原件。文物的仿制品也经常在场景中使用，这种替代的方式避免了文物安全的隐患，对于展现服饰类文物在其所处的历史时代中的情景更为灵活。需要注意的是，场景和替代品的目的是对文物的解读说明，而非喧宾夺主。人形模特的使用对于展示服饰的使用效果起着重要作用。用于展示古代服饰的人形模特基本被设计为发型妆容乃至身体动作符合相对应的历史时代，有古代文献及古代绘画等资料作为参考，但仍常有缺少历史时代气息的感觉。对于人形模特在姿态神韵气质方面结合历史资料进行更为深入的研究与设计，避免千人一面，使之更具时代特点，有益于提升服饰类文物的展示效果。好的场景制作会成为展览中的亮点，其艺术风格、对虚实关系的处理需要和谐于整体展陈设计方案。

　　展陈设计包含对空间与时间的规划。每组或每件展品需要占用一定的空间，其中包含辅助的图文说明、辅助展品、相关设备设施等。观众参观每组或每件展品需要使用一定的时间，包含观看展品及相关说明内容、思考、使用配套设备设施等。展览的总体空间面积范围内，从每部分内容到具体展品根据策划方案所占用空间面积都有一定适宜范围。参观时间的设计需要考虑观众的疲劳程度及调节的方法。观众主要是在站立和行走的过程中观看展览，长时间的参观很容易产生身体及视觉的疲倦，其间在一些设置座椅或休息、观影的区域可以调整身体状态。由于服饰类文物往往包含较多的信息，在设计中需要考虑到空间与时间的因素。一些形式设计的方法可以有效地辅助文物在有限的空间和时间内有层次地释放多量信息。

　　例如数字化与多媒体技术设备的使用。文物相关清晰图片、对文物深入的分析说明、相关资料等经过编辑形成电子文件，此类型信息的传达方式比较多样，可根据具体情况灵活设计。其中一些形式具有可选择、可操作的互动性。在有限的空间中收纳并传达大量的信息，观众也可根据自己的情况选择性使用这些对文物的补充说明。作为辅助手段弥补因受现场条件制约使文物在展示效果上不够充分之处。直观易懂且轻松舒适的形式和辅助手段，在可调节的时间内传达出背景信息，是说明文字之外对文物解读有效的补充。服饰中精美的细节、重要的历史文化资料、观众感兴趣的知识均可以不同的方式表现。例如三维或动态的形式可以形象地说明服饰穿着的方式、使用的效果、与生活及礼仪的关系。需要注意的是这些辅助的方法在视觉与逻辑上与文物和展示内容的主客体关系。另外，新型的数字化形式发展很快，有多种高精度大空间新技术可以使用，可以适当补充文物展示的效果，也使观众有新鲜感。但是这种虚拟的体验与实物展示的效果仍存在区别，即使精度非常高，且一些屏幕表面材质可以选择，在视觉舒适度及表现真实的质感与体量感方面仍有不足，在设计应用中也需要综合考虑。

三、明代服饰应用于现代设计的元素和方法分析

展览陈列设计需要客观传达出文物准确的信息，深入解读文物讲述相关的历史与文化。对文物信息的取舍主要依据展览的主题（例如古代历史、社会生活、礼仪制度、文人情怀、制作工艺等）、文物在展览中所起的作用、展览形式风格等。衍生的现代设计是更为主观的创作，对文物所包含信息元素的选择加工需要深度结合实用功能、艺术性、文化传承、时尚等因素。

现代考古和对历史文献的研究成果，使得更多的人更容易了解古人生活的细节。在学校的教育之外，有博物馆对文物的展示和文化传播活动，有大量专业图书的出版，历史题材的纪录片和影视作品也对服饰及生活各方面的场景道具有专业的要求。通过资料的查找，公众对历史的认知更接近真实而不是缺少依据的臆断。

近些年，随着国内着装风格的多元化趋势，近代及古代的服饰样式也常态化出现在城市生活中，"古装"生活化渐盛。群众着古代装束早已不限于旅游景区提供的拍照道具和纪念品，材质和做工也有所改进。现代人在生活中穿着的仿古代样式服装，根据式样的不同，多被模糊而笼统地统称为"唐装"或"汉服"。从"唐装"的兴起到"汉服"的流行，多数群众对古代服饰的认知在逐渐深入。具体到朝代及地域，与古代历史相对应。比如在西安、洛阳等城市出现很多汉服体验馆，占一定比例的群众穿着全套仿古服装配合仿古发型发饰及面部仿古彩妆，不仅在古迹景区游玩，也以同样的服饰妆容在城市各种场景中进行日常的活动。如此装扮者年龄跨度也较大，从儿童到中老年都较常见。仿古装束基本为唐代样式，与所在城市历史有一定关系。生活化的古装在不同城市风格和普遍性也不尽相似。在大多数城市，着古装者只在人群中占很少的比例，且以年轻者为主。古装及配饰样式包括妆容的时代感比较模糊，多数并非某一具体历史时代的复制，而是带有个人穿搭的创造性。有一些趋向于特定朝代的样式，也有一些将古代服饰样式特点汇合在一起的创意古装营造出来自古代或近代的感觉，也有一些近似歌舞演出的服饰。上述古装出现在

城市生活中视觉效果明显有别于现代穿着，是城市中较为特殊的着装风格。实用功能方面不完全适合现代生活条件和方式，一般常见的款式存在一定程度的季节性。比如春秋季在城市生活中更为常见，材质和款式大多具有轻盈飘逸的效果，而到冬季这类着装则有所减少。另一类带有民族传统风格的服饰在生活中更为普遍，实用性明显更强。多数喜欢传统服装的人会选择穿着带有传统文化元素的时装，基本款式及视觉效果与当下时尚比较接近。这类服装也更易于购买，有多种品牌款式的成衣可供选择。

"汉服热"的现象，一方面反映出人们对于民族文化的认可，对古典美的探求与尝试的向往，另一方面也反映出人们对于古代生活还缺乏深入了解，但有体验的想法，因此通过古代服饰的装扮，体验想象中的历史生活。

古装生活化的现象显示出公众对于古代服饰的了解并不完整，通过着装对古代生活中的物质与精神两个层面的体验也很难达到理想的效果。公众的需求没有得到满足，究其原因还是缺少针对不同需求的人群所设计的适宜的体验方式；缺少适合现代生活带有传统美感的现代服饰，距离将传统服饰文化融入时尚乃至引领时尚还有一定的距离，现代设计未提供足够多样化的选择。

在古代服饰及相关历史文化方面博物馆具备文物资源及一定的研究条件。传承古代服饰文化，需要使之具有生命力，成为可持续的发展，使其中蕴含的文化信息和艺术基因在发展中得以延续。对于此，博物馆有条件可以起到积极的作用。

（一）传承的方式与核心

历史上的各个时代都存在怀古之情，追忆先贤崇尚古雅，却从不会对既往的历史生活原样复制。收藏古物、借鉴古代艺术创作属于现实时代的作品也是传统文化的一部分。如历代对青铜礼器不同形式的模仿与创新，宋代仿古青铜器造型的官窑瓷器是其中的经典，充分体现了宋代美感。又如清代由宫廷组织大量烧制仿古代名窑瓷器，作品明显具有制造时期的年代特征，属习古摹古而非刻意复制。明代建立之初，服饰便主要沿袭宋代形制，但明代服饰风格独具且发展为文明史中重要的精彩华章。其发展包含了思想观念、生活方式、工艺技术水平等客观因素而形成。符合文化艺术的发展规律，也创造出了独特而辉煌的成绩，为后世留下不可取代的物质及非物质文化遗产。

明代服饰亦称明制汉服，被誉为华夏近古服饰艺术的典范。明初主张恢复汉唐传统，承袭唐宋奠定了官服的基本形制。分析明代服饰的各种品类，可以从中溯源到多个朝代。棉花的种植、桑蚕丝织业的发展、印染织绣技术的提高、科技水平的进步，都是促成明代服饰艺术成就的因素。在设计中对于明代服饰艺术的汲取，除具体的形色材质之外，更为深入的还有借鉴其对于古代服饰的传承集成，对于材料、技术、生产方式等应用。

明末文震亨（1585—1645年）在其著作《长物志》中记述了对衣饰的观点。[5]首句便明确提出："衣冠制度，必与时宜"。接下来，他以自己文人艺术家的角度进一步对"时宜"展开叙述。"吾侪既不能披鹑带索，又不当缀玉垂珠，要须夏葛、冬裘，被服娴雅，居城市有儒者风，入山林有隐逸之象，若徒染五采，饰文缋，与铜山金穴之子，侈靡斗丽，亦岂诗人粲粲衣服之旨乎？至于蝉冠朱衣，方心曲领，玉珮朱履之为'汉服'也；幞头大袍之为'隋服'也；纱帽圆领之为'唐服'也；檐帽襕衫、申衣幅巾之为'宋服'也；巾环襆领、帽子系腰之为'金元服'也；方巾团领之为'国朝服'也，皆历代之制，非所敢轻议也。"（《长物志·卷九》）适宜的衣饰增添娴雅神韵、儒者之风、隐逸之气象。依据《长物志》及明代众多关于"美"的资料记载，"古雅"为明人审美重要标准之一，为历代文人所崇尚。关于古代服饰，文中指出："汉服""隋服""唐服""宋服""金元服""国朝服"等皆为"历代之制"，非所敢轻议也。服饰是实用性、时尚性较强，很大程度上体现穿着者个人气质修养乃至思想观念的物质文化。"古"与"雅""时宜""得体"的融合需要讲求适度，日常生活中对古代装扮的直接模仿有可能适得其反。

服饰古今都在生活中与人非常贴近，反映社会及个人的思想观念。即便受相关制度的约束，个人的生活态度仍反映其中。相较于沿用明代服饰的形制、纹饰等具象元素，理解明代服饰所透视出的文化内涵，感受到其中蕴含的审美追求，继承传统文化中美好的部分，使之延续到未来发展之中，以此作为传承的核心，更为重要。有了对美感的理解和领会，在对以古代服饰为依托而衍生出的现代服饰和其他产品的使用中，更易于获得精神的愉悦，从而更自然地体验到传统文化所带来的内心感受。

（二）设计元素提取和使用

明代服饰资料显示出式样繁多、色彩纹样华美、工艺材质多样的优势，可用于现代设计创作素材的艺术元素极为丰富。透过种种具象的资料，也可以从中感受到抽象的文化元素，如明代服饰中蕴含的时代气息和民族气质、精神气度之美等。对于产品设计或文化活动策划，在创作中这些抽象元素的融入，有益于作品延续源于历史从传统中来的雅致和民族精神气质。抽象元素往往包含微妙的感觉，需要通过对古代服饰的研究，体验相应历史阶段对所追求的形象之美与精神之美细微的观念和认识。

具象与抽象元素的提取，以绘画为代表的古代艺术形式可以作为服饰文物之外辅助的来源。服饰对人起到保护、衬托、武装的作用，使人的样貌姿态更为美好，或更趋近于理想。艺术创作中呈现的经常是更为理想化的状态，因而这些古代艺术作品有助于我们理解当时服饰文化的审美追求。此外，绘画中对服饰妆容及人物姿态细致地描绘可以作为文物资料的补充。以明代绘画为例，以人物为题材的大幅面工笔画存世较多，人物多雅致秀美姿态生动，细节描绘清晰，衣饰有飘逸感。如水陆画，虽为佛道神仙题材，与现实的物质生活存在差别，对明代服饰的研究尤其是应用于现代设计的元素提取仍具有较大的参考意义。明代水陆画风格写实，画面清晰色彩明丽，多数幅面较大，画中服饰华丽且种类多样，有许多对面料的描绘，织物纹样较为清晰完整（图1）。

明代服饰中可使用的设计元素丰富多样，可以从多个方面提取。如款式的整体乃至细节、经典配色和典型纹样的归纳、所使用的印染织绣工艺等等，本文不作赘述。在传统文化元素的选用中，有特点有美感的元素是选择的重点，通过设计加以巧妙使用，再现于现代生活之中，成为古代艺术有生命力的延续。

例如明代服饰配色中对金色的使用就比较有特点，且往往能够与周边色彩搭配出雅致的效果。代表性既表现在色彩本身，也表现在工艺上。金色的使用涉及多种材质和工艺技术。色彩与工艺、质地的结合，使金色在明代服饰中尤为华美。对金色的灵活使用可作为艺术元素吸纳于现代设计（图2~图6）。

图1 （明）绢本，《慈圣皇太后款天妃圣母碧霞元君众像轴》，首都博物馆藏

图2　（明）印金"设"字丝　　　图3　（明）印金"监"字丝　　　图4　（明）红织金妆化奔兔
织片，首都博物馆藏　　　　　织片，首都博物馆藏　　　　　纱[6]，明十三陵博物馆藏

图5　（明）孔府旧藏，暗绿地织金纱云肩通袖翔凤纹女短衫，孔子博物馆藏

图6　（明）孔府旧藏，蓝色缠枝四季花织金妆花缎裙[7]，孔子博物馆藏

明代服饰的一些配色及面料质地的组合在现代设计中同样适用。另外，纱、罗等有透视效果的面料在明代服饰中也经常被使用，半透明面料叠加而产生的美妙效果也非常值得借鉴（图7）。

古代服饰样式应用于现代设计中有局限性，需要通过精心设计使其合理。相对而言，面料在设计中的适用性更为广泛。尤其明代面料中相当一部分既具明时特征又符合现代审美，作为设计元素，在古典与现代美感之间有自由广泛的创作空间，作品风格易于把握。例如明代大量使用的暗花面料，有明显传统气息又不过于夺目，且不过于凸显官阶身份等某种特定属性，适用于多种品类、风格、用途的设计，易于产生好的艺术效果（图8~图14）。

古代服饰中各种细节处理从艺术性、功能性等角度都可以成为现代设计的素材。这些元素可以为作品增添传统美感、形式感，也可使其功能性在现代生活中延续。明代服饰的一些制作方式在今天看来仍然精致美丽。例如绲边、镶边等对边缘的处理工艺；饰物的使用；纽襻、纽扣、系带的功能与造型；腰带的结构与装饰；领、袖的样式等。明式服装中袖的形式特征明显，几种常见的衣袖包括袖口的款式造型感强，又具有时尚感，非常适宜作为设计素材。有实用功能的护领亦具有特殊的形式感和装饰作用（图15）。

历史上的服饰样式，往往属于某一历史阶段某一社会阶层，或某种身份的人物。作为为现代生活实用而做的设计，并不必拘泥于此。从古代继承的服饰的样式、纹饰、色彩等在现代已基本不具有社会等级的标志性界定的意义，更多的是基于个人喜好、审美、理念、时尚的选择，淡化了社会等级身份的界限，将文化内涵和诗意的审美融入现代生活。对传统文化的直观感受自然引起思索探寻，继而形成不断深入的感受和理解。应用于同一作品设计的元素，一般而言还需与来源相关联，或有特定的共性。当然不同元素组合在一起也是一种设计的方法，亦可以产生好的艺术效果。明代服饰元素的使用还需根据具体情况要考虑礼制、寓意等因素的影响。

图7　（明）孔府旧藏，白纱中单，孔子博物馆藏

图8　（明）酱色方格纹暗花缎斜襟夹袄（面料局部），首都博物馆藏

图9 （明）驼色暗花缎织金团凤方补女上衣，首都博物馆藏

图10 （明）孔府旧藏，蓝色暗花纱袍，孔子博物馆藏

图11 （明）孔府旧藏，墨绿色暗花纱单裙，孔子博物馆藏

图12 （明）孔府旧藏，葱绿地妆化纱蟒裙，孔子博物馆藏

图13 （明）孔府旧藏，红色妆化纱云肩通袖膝襕蟒袍[7]，孔子博物馆藏

图14 （明）孔府旧藏，湖色暗花纱褡护[7]，孔子博物馆藏

图15 （明）孔府旧藏，蓝色暗花纱女长袄[7]，孔子博物馆藏

（三）服饰及生活用品设计

服饰在历史上不断发展，受多种因素的影响。明代早中晚期各个阶段的服饰也有所变化。一件明代服饰可能是属于某一特定身份的主人，可能用于特定的活动或环境。尤其明早期，服饰基于社会等级和身份的规定繁多。现代社会认可平等、开放、融合、包容的理念，个人具有多方面选择的自由。现代设计中对文物和历史资料的借鉴，强调的是传统美感、情怀和文化，而非等级的观念。

明代服饰文化应用于现代生活的意义何在，或者说我们要表现的是什么。是告诉大家明代生活的原貌，还原明代着装的图景，抑或表现明代的工艺水平和审美？这些仍属于历史文化研究、展示和传播的范畴。设计是建设现在和未来的生活，包含更多的艺术性与实用性。对于民族传统文化的复兴发展、现代设计的繁荣起到促进的作用，需要与现代生活及艺术乃至更多文化因素相融合，使传统文化元素的注入更加合理化，符合生活的环境和心理的需求，适合精神生活的意愿。

传统文化信息在设计中应作为珍贵美好的元素而加以妥善使用。博物馆的产品设计主要是文创产品设计已有多年经验积累，发掘和利用文物中的元素是长期使用的基本方法。在这项具有资源优势的工作中，要在社会中起到带动作用，需要讲求设计的方法。如果设计美感和制作工艺存在不足，会使得产品的文化表现不够充分不够饱满。文化元素的注入更需要适宜的方法，使传统文化的基因在现代作品中自然地显现。良好的设计和制作会使古为今用的成果更具品质感。撷取传统服饰中的精华，使其在现代生活中被认识和欣赏，不是将古典与现代文化元素简单拼凑，而是要做到相互融合。这样通过对产品的使用，公众带入生活的不只是文物信息的片段，而是对传统文化的感受和理解。

从文物和文献资料中，可以体会到明代服饰穿着在身的气度。择其中健康优美的气质风韵通过作品在现代生活中继续散发神采，这种感觉的传达和具体的物质形态及文化信息的传承都很重要。

创新设计中对元素选择和用法不因其来源受到过多限制。明代服饰的种类如朝服、官服、常服、吉服等等，其中元素的使用根据设计的具体情况，比如现代的审美和礼仪或产品的用途。设计者和使用者一般更乐于选用吉祥美好的元素。部分文物能够被留存至今是在古代墓葬中环境中经过了漫长的年代，其中不乏保存状态比较完整观赏性极高艺术元素丰富的文物精品。通常情况下，如果选用古代专门用于陪葬的用品作为素材，在设计时对元素的选用需要多做一些分析，以适合产品的设计理念为宜。同理，各种类型文物均可以作为创作的素材，但是对文物、元素的选取、设计的方法要做全面的考虑。

古代服饰中美丽的元素在其所属的历史年代与其他品类的物品许多是互相借鉴的。比如明代服饰中常见的缠枝莲纹，在陶瓷、金银等金属、漆、木、牙角等各种材质上都有出现。使用的制作工艺更是多样，涉及生活中的方方面面。由服饰文物而来的创作素材，在现代设计中应用的范围可以非常广泛，不限于服饰或织物设计。服饰中的元素以平面造型居多，根据需要在设计中可对其做立体化或变形处理，也可以为古老的文化元素加入创新的个性化的风格。元素在创作中的出现可繁可简，可疏可密，浓淡虚实皆可以自由变化，在作品中大面积甚至整体地使用能够加强视觉效果并且传达出明确的信息，局部有节制地使用容易产生随意、精致或含蓄的效果，经过设计的小点缀别有意趣。

明代服饰中的装饰元素一般造型清晰线条明朗，形色经过归纳，有平面化图案化的特点。在用途上可以充分地发挥想象，如环境装饰、室内设计、车内饰设计等等，这些属于对空间的装饰，与服饰不同。服饰是对身体的保护和修饰，与人的关联更为紧密，风格就需要考虑和使用者关系。空间的装饰与人的关系更为宽松，可专属个人也可容纳多人，决定了对风格的包容性更大。对古代用品的复制或风格前卫的创新都可以成为时尚生活中适宜的物品。例如椅披、坐垫、帘等古代织物类生活用品，复制仿制品和使用古代元素不同程度创新的产品经过适宜的陈设搭配，都可以达到审美或时尚的要求。

服饰中的一些品类基本结构形式古今变化不大，古代素材的使用也非常具有包容性。珠宝首饰中例如发饰，功能上主要是束发和装饰。石器时代的发簪和现代发簪形式和作用仍具有很大的相似性。古往今来，发饰的设计制造从材料、工艺技术到形式都非常多样。又如纱巾、配帛、霞帔这一类，在不同历史时期偏重于实用性或装饰性，或具有界定身份等级的意义，使用的材料不尽相同，但基本形式古今大致相似。虽然时尚流行在不断变化，古代素材的使用仍非常具有包容性。作为服饰中的配饰单品，与整体穿着风格一致或适当的别出心裁都可以成为设计中的亮点，所以古代装饰元素在这里有比较大的发挥空间。

　　对古代面料及传统纹样的使用同样是可深入探索的方式。原材料的生产能力和织造技术的进步促进了明代面料的发展，艺术性、质量都达到了很高的水平。古代面料作为创新设计的素材使用方式比较灵活，可作为原材料——现代面料或古典设计元素使用。例如复制或仿制古代面料，或对其图案设计调整成为带有古典元素的现代面料图案；复原传统印染织绣工艺结合现代面料图案设计，制造古代丝织品类的现代织物；将古代面料图案用于现代材质；摘取古代面料中的元素用于现代设计等方法。具有古典元素的面料用途多样，在日常的生活中，服饰、包袋、室内陈设等等都需要多元化的织物材料。

　　现代时尚设计中对明代元素的吸取，体现在整体的感觉之外，也可以从细节的处理中找到结合的方式。设计作品中常含有决定风格和品质的关键部分。克里斯汀·迪奥（Christian Dior，1905—1957年）先生在《迪奥的时尚笔记》[8]一书中对于时装中的多个细节作出了分析和建议，其中列出领子、袖口、腰带等对人起到衬托作用和影响整体效果的关键部位。如"亮点是巧用小的个性饰物将一件由设计师设计的衣服变得具有个人风格，这一点极为重要。亮点必须有个人风：别夹子的位置，打领结的方法，装饰花的挑选""领子的作用是勾勒你的脸，领子不论大小高低，比例都必须非常考究。这块小小的面料，竟然能创造出如此多姿多彩的造型，实在非同寻常。领子的式样和搭配都要精心设计，一条不相称的领子会破坏掉整件衣服的平衡感。""领子对脸很重要，袖口对手亦是如此——它们能勾勒并衬托出可爱的手腕与手指。""凸显腰部最巧妙的方式就是系上一条腰带。""打结的方式，打结在服饰中既具有使用功能，又可以改变整体风格的装饰性，比如常用的蝴蝶结。"等。

　　这些关键的部分如衣领、袖口、衣缘等也经常是明代服饰上有显著特征的精彩之处。以衣袖为例，大袖、琵琶袖、阔袖、窄袖、云肩通袖等常用形式连同袖口的收口方式，造型明确，形式感强。以纱、绸为主要材料的白色护领以及衣裳边缘装饰等细节也具有特殊的设计感。经过概括、归纳的使用使明式美感在时尚中再现光彩。

古代服饰中扣合连接的方式在时尚设计中的巧用也会成为衣饰的亮点。明代服饰中使用的纽扣、纽襻、系带、带钩、带扣等有很多在功能性或外观上可引入时尚设计。时装、包袋、各种生活用品中都经常需要用到将两个部分连接在一起有扣合连接功能的构件。从局部小型的设计，传达古代的文化气息。功能的复古和外观的装饰性可增加作品的传统意味。

礼服的设计在传统元素的使用上可以有更自由的发挥。明代服饰与礼仪制度关系紧密，一些与礼仪有关的服饰尤为精美华丽。目前礼服设计以西式礼服为主，中式的礼服设计多采用传统风格的面料及色彩图案与西式礼服款式相结合。也有遵循传统样式的中式礼服，基本沿用历史上的款式，缺少设计感。主要用于有传统色彩的活动、婚礼等仪式。现代的生活中，仍然会用到各种礼服，如华丽正式的晚礼服以及贴近日常的小礼服等，根据用途，礼服可以细分为多个种类。礼服设计对于传统服饰元素的使用，是一个很好的舞台，款式、装饰、面料可灵活使用。明代礼制对服饰的使用有着严格的要求，尤其是明代早期中期，也自然对服饰的形式风格产生影响。应用于时尚设计中，需要弱化"礼制"的影响，提炼出合于礼仪源于传统的抽象美感，改变"形"而保留"神"，再现明代服饰的优雅仪态。

（四）体验活动设计

现实生活中对古代服饰的体验，有自发的个人行为，也有某些机构组织的有针对性的活动。体验的方式也在不断创新。

个人自发的体验活动在方式和时间的控制方面都比较自由灵活。容易成为长期持续的体验。但生活环境和生活方式与对古代服饰的体验不易达到契合，以至影响体验感的完整性。如前文所述，一些城市中有部分人穿着仿古服装，并且仿照古代的发型妆容。这是一种个性化的着装选择，或者是一种个性化的生活方式。如果有对古代服饰进行深入体验或者通过着装对古代生活进行体验的意愿，实则与古人真正的着装和生活还有很大的差别。现代人在日常生活中身着古装时可能在吟诗作画或焚香抚琴，也可能在使用电脑手机或去餐厅用餐。即使最基本的生活也包含了多方面的内容，生活节奏和各种身份的人日常所做的事情、使用的家具、乘坐的交通工具、设备设施、礼仪以及坐立行走的姿态等都与古代发生了很大的变化。这些生活中的细节都与服饰相关联。没有对古代生活进行充分研究或了解，只是通过穿着古装往往难以获得古人着装时的感受，甚至有可能不符合古代正确的穿着方法。如果仅通过穿着古代服饰去追寻古人的精神生活则更为不易。

博物馆等一些文化机构经常会组织对古代生活包括古代服饰的体验活动。经过设计策划的体验活动一般而言对受众群体和要实现的目标有针对性，有一定的历史知识作为基础，由专家或经过培训的专业人员进行讲解辅导，提供相关的空间和道具等物质条件。由于具备了受众分析、相关背景知识、物质资料、流程设计等几方面的因素，这类活动会使观众在历史知识和感受上都有所收获。但如果想要获得更深入的体验，也存在一定的难度。活动有时间和空间的限制，不易成为可在长时间持续中逐渐深入的体验，有别于生活中自然形成的体悟。另外，活动构成中需要多方面可相互关联的因素以提升体验的完整性，这就对筹备的完善程度、物质资料的结构、流程的合理提出了要求。

以明代服饰为主题，观众在参与文化活动时会有一些基本的诉求，而博物馆也可以根据对相关历史资料的研究做进一步的引导。研究通过列举在文化活动中的实践，可以使观众获得参观文物时所产生部分问题的答案。例如不同款式的服饰是怎样穿戴在身上的，服装上带子的系结方式和起到的作用，平铺或悬挂展示的服饰穿着在身的实际效果，穿着明代各种款式的服饰在明代的生活中如何行动又是什么样的感受等等。有更多的关注点可以深入发掘，延展出生动的文化活动。在获得知识点的基础之上，帮助活动参与者通过对服饰的体验探寻古代的生活和文化，了解古代社会的精神风貌，感受历史中形成的传统美感和民族的文化气质。

参考文献

[1] 李天道，李玉芝. 明代美学思想及其审美诉求 [M]. 北京：中国社会科学出版社，2014.

[2] 肖鹰. 中国美学通史 明代卷 [M]. 南京：江苏人民出版社，2014.

[3] 沈从文. 中国古代服饰研究 [M]. 北京：商务印书馆，2017.

[4] 黄能馥，陈娟娟. 中国历代服饰艺术 [M]. 北京：中国旅游出版社，1999.

[5] 文震亨. 长物志 [M]. 北京：中华书局，2012.

[6] 北京市文物局.北京文物精粹大系·织绣卷 [M].北京：北京出版社，2001.

[7] 孔子博物馆.齐明盛服：明代衍圣公服饰展 [M].北京：文物出版社，2021.

[8] [法] 克里斯汀·迪奥.迪奥的时尚笔记 [M].潘娥，译.重庆：重庆大学出版社，2021.

植物染色技艺在明代服饰保护色彩复原中的应用

黄荣华¹　万昊博²

摘　要： 明代服饰具有鲜明的中华文化特色，是华夏衣冠的典范。明代纺织品文物，是中华民族宝贵的文化遗产，我们对此应怀有敬畏之心，要用先辈留下的最好技艺来保护。其中的色彩还原，要使用流传数千年的传统植物染色技艺来完成。文物复制需遵循"尊重原历史，尊重原材料，尊重原技艺"的原则，做到真正保护文物原有的模样。

关键词： 明代服饰；中国传统色；色彩复原；植物染料

明代服饰多见于全国各地考古出土的墓葬，由于深埋地下时间长，且长期浸泡于各类酸碱地下液体当中，非常容易导致纺织品腐败而变得残破，即使偶尔有保存情况较好的，也会在出土之后的数天或者数月之后开始质变，其中最明显发生改变的就是服饰的色彩。在明代的高等级墓葬中一般都会随葬大量精美华丽的高档丝织品，这些丝织品上的颜色即便能够在密封性十分好的情况下勉强保留到今天，也会在开棺后自接触空气的那一刻起开始迅速消亡，鲜亮的彩色褪变成暗沉的土黄色或是棕咖色。服饰虽得以保留，但色彩却成为一种不可逆的损失。

幸运的是，山东孔府保存了一批数量可观的明代传世服饰，不同于墓葬出土服饰，传世品并没有经历恶劣环境的摧

1　黄荣华，传统植物染料染色技艺省级非遗代表性传承人，研究方向为传统植物染料染色技艺的传承与保护、植物染色的创新与发展。
2　万昊博，北京国染馆染色师，师从黄荣华，研究方向为传统染色技艺与天然植物染料的应用。

残，虽然已有几百岁的高龄，有些依旧完好如初，更为重要的是，孔府服饰作为高等级的明代服饰，其展现的丰富色彩信息，是研究明代服饰色彩不可多得的重要标本，也是重新恢复中国传统色彩体系的必要参照。

一、中国传统色彩

色彩取自自然，来源于花草树木、山石矿物所蕴含的色素。北京山顶洞人遗址中就有出土用矿物质染料染成的红色石制项链，距今六七千年我们的先祖就能够用赤铁矿粉末将麻布类的纺织品染成红色。此外，中国也是最早使用植物染料染色的国家之一，至少在4500多年前中国人就已经掌握了成熟的染色技艺，《诗经》中描述有应用蓝草、茜草染色的诗歌。[1]在几千年的历史长河中，不计其数的色彩词出现在官方史书、诗歌、文学作品以及民间文化当中，中国人早就建立了属于自己的色彩观。中国是最早拥有色彩体系的国家，早在商代甲骨文当中就有记载"赤、青、黄、白、黑"，即"五正色"。领先西方"三原色"理论几千年，且比后者更加科学完善，"黑、白"谓色，"赤、青、黄"谓彩，共同组成色彩一词，不仅包含色相的概念，还包含了明度的概念。《孙子》中记载："色不过五，五色之变，不可胜观也"。可见古人早就发现，所有的色彩都是出自五色，故五色为正色，五色之外称为间色，比如绿色、紫色、赭色就属于间色。

远古时代的先祖，穿着兽皮，披着树叶草裙为生，他们会在身上或者脸上涂抹用矿物或者是动物的鲜血制作的颜料。这应该是人类最早将色彩用于装饰的应用。后来由于纺织的发展，先祖又将颜料涂抹在纺织品上来制作服装。这种将纺织品涂抹染色的方法一直到汉朝时期都可以见得到，长沙马王堆汉墓出土的服饰中就有使用朱砂涂抹染色的实物以及使用各色颜料在服饰上绘出图案的彩绘服饰。早在商周时期，这类彩绘服饰就已经非常普遍，那个时代的先民在衣服上绘制不同的图案来区分不同部落的身份。

色彩对于传统服饰有着十分重要的象征意义，古代皇室阶层，帝王的衮冕服，上衣为玄色称为玄衣，下裳为红色称为纁裳，玄为天，红为地，衣披天地，象征帝王的皇权与威严。古人说黄袍加身当皇帝，黄色也常被用作帝王身份的象征，从明定陵出土的明黄色十二章纹衮服以及清代皇室留下的大量黄色袍服可以得到印证。

当然，除了皇室阶层以外，色彩也是贵族以及富人阶层的专属，越鲜艳的颜色越贵重，在生产力完全靠手工的古代，资源的利用和开发效率不能和现代相比，因此生产出一匹色彩艳丽的丝绸是需要耗费巨大成本的。我们常说的"锦衣玉食"是比喻生活奢侈豪华，而"锦衣"就是指色彩华丽的丝织品。

相比之下，普通百姓阶层的服饰就以朴素、实用为主，颜色也基本为黑色、灰色、赭色、青色这一类，一方面是这类颜色比较耐脏，适合日常劳作穿着，另一方面就是这类色彩的色牢度较好，不惧怕反复洗涤使用。这其实也与面料有一定的关系，百姓服饰面料主要是由麻、葛类的植物纤维制作，丝绸自古以来就是奢侈品，普通百姓根本无力消费，而麻、葛类纤维本身的特性就没有丝绸染色来的光亮，饱和度也远达不到丝绸的程度。

二、明代服饰的特点

明朝是最后一个汉族人建立的封建王朝，大明，无汉唐之和亲，无两宋之岁币，为后世子孙所敬仰。

明代崇尚儒家"礼乐仁义"的道德思想，把五色与"仁、德、善"相结合、定为正色，是尊卑、等级的象征。

明代服饰上承周汉，下取唐宋，具有鲜明的中华文化特色，是华夏衣冠的典范，对后世及周边国家的服饰和审美产生了广泛而深远的影响。

明代服饰总体特点是讲究色彩搭配，风格华贵端庄，色彩层次感强。

这些色彩无疑都是使用中国传统染色技艺完成的。

三、明代服饰色彩及染料、染色技艺

明代皇帝的常服，服装以明黄色的绫罗，上绣龙、翟纹及十二章纹。皇后常服，洪武四年（1371年）三月定："戴龙凤珠翠冠、穿红色大袖衣，衣上加霞帔，红罗长裙，红褙子，首服特髻上加龙凤饰，衣绣有织金龙凤纹，加绣饰。"明代文武官员服饰主要有朝服、祭服、公服、常服、赐服等。麒麟袍为官吏的朝服。《明史·舆服志》称："正德十三年（1518年），赐群臣大红贮丝罗纱各一。其服色，一品斗牛，二品飞鱼，三品蟒，四、五品麒麟，六、七品虎、彪；翰林科道不限品级皆与焉；唯部曹五品下不与。"[2]官员的服饰颜色以绯色、青色、绿色为主。平民百姓必须避开玄色、紫色、绿色、柳黄、姜黄及明黄等颜色，其他如蓝色、赭色等无限制。生员衫，用玉色布绢为之，宽袖皂缘，皂条软巾垂带。凡举人监者，不变所服。

明朝皇室贵族服饰颜色明艳华贵，以大红色、金色、黄色、鸦青等高饱和度色彩为主。在明朝，达官贵人也喜欢使用青色、绿色、红色，黑色、金色则作为主要的辅助色彩。高饱和度的绿色一度作为明代的流行色，在民间开始不断出现使用高纯度的鲜艳色彩的情况，其中，高饱和度的青色格外受欢迎。

明代设有染局，掌管染料及染色。明代是色彩和染色技术成熟的朝代，记录也较前面的朝代更多，如《天工开物》《本草纲目》记载的染料就有几十种，在《天水冰山录》《天工开物》里记载也有很多，其中与染色有关的篇幅中，出现的染色方法有二十多种。[3][4]可见明代染色技术的成熟。

四、古代纺织品修复及复制的定义

国家文物局2011年颁布的《文物复制拓印管理办法》明确规定，"文物复制是指依照文物的体量、形制、质地、纹饰、文字、图案等历史信息，基本采用原技艺方法和工作流程，制作与原文物相同制品的活动"。这里面漏掉了"色彩"，可能在"等"字里。

文物的体量、形制、纹饰、质地加上色彩构成了"五要素"。前四个基本上研究和工艺比较成熟，唯独是色彩及染色方法存在严重不足。如今大部分博物馆在做的是用化学染色来取代，实际上是严重错误的。就色泽而言，是无法吻合的。同时，这种方法由于大量使用了不友好的助剂，对文物伤害极大，不是修复和复制，是摧毁文物。这是严重违背文物修复和复制的原则的，只能算仿制。

五、明代纺织品修复及复制

明代纺织品材质，大部分是蛋白质类的丝绸和植物素类的棉麻制成，受环境因素的影响，很多都出现破损和变色的现象。

对于残破、污损的纺织品，可采用天然的清洗剂如皂角、无患子等清洗污渍，织补等方法，对残破的丝织物，还可以使用背面替补加固的方法。这些都是很成熟的工艺了，也有很多专家和专业人士在研究。唯独在色彩修复及复制领域，存在缺失，即使用化学合成染色来做修复，这类物质很多与原有的材质不相容，甚至会损伤文物。而且由于染料来源及染色技艺不属于同一类，染出的颜色很难与原物相符，呈现出来的是显而易见的疤痕和突兀的颜色，做不到修旧如旧。

古代服饰的染色是以植物染色为主。这批文物的最重要价值就是颜色信息，需要对服饰上的颜色进行分析，然后制作出纯天然的植物染色剂，用传统植物染色技术来修复或复制纺织品文物才是正道。

传统染色是一门专业的学科，不同于现代的化学合成染色，除染料不同以外，染色技艺也是完全不同的。文物复制必须遵循"尊重原历史，尊重原材料，尊重原技艺"的原则。

明代服饰藏品以丝绸类居多。蚕丝属于蛋白质类纤维，极易受光、空气、化学、生物等因素的影响。大多数丝制品刚出土时，颜色还比较鲜艳，但放置一段时间后，颜色褪色、变色很严重，多数变成土黄和深褐色，丧失了本来的颜色。棉麻类服饰也存在类似的现象。其恢复的意义就在于还原本真。天然染料用于古代纺织品的保护具有材料一致或相近，对文物的二次损伤小，与古代色彩一致等优势，是对古代纺织品修复和复制的最佳选择，同时在染色技艺上也应该按照传统染色技艺来完成。

六、孔府服饰色彩

人肉眼对于色彩的敏感度是很高的，色彩也是服饰带给人最直观的第一印象。孔府服饰是明代比较高规格的一批服饰，运用了大量的刺绣、织金、妆花等复杂工艺，其用色最显著的特点就是鲜艳丰富、多而不乱、干练明快且饱和度高，由于明代时期生产力的提升以及许多新材料的大量运用，使得明代丝绸的色彩得到了全面的丰富和提升。

孔府明代服饰大体可分为五个色系：红色系（图1）、黄色系（图2）、蓝色系（图3）、绿色系（图4）、棕色系（图5），同时也包括白与黑两个色在内，基本上没有发现紫色、灰色。

白色与黑色也主要以点缀或辅助的形式出现在孔府服饰当中，在中国传统色彩里，黑、白也有很多种，白色如缟素、洁白、银白、米白等；黑色如皂色、玄色、

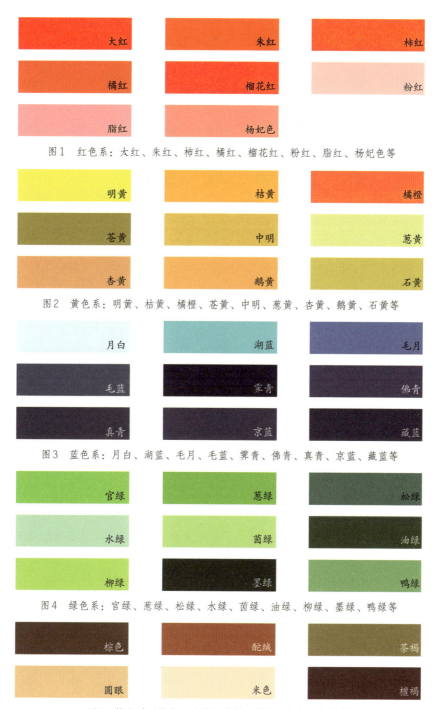

图1 红色系：大红、朱红、柿红、橘红、榴花红、粉红、脂红、杨妃色等

图2 黄色系：明黄、桔黄、橘橙、苍黄、中明、葱黄、杏黄、鹅黄、石黄等

图3 蓝色系：月白、湖蓝、毛月、毛蓝、霁青、佛青、真青、京蓝、藏蓝等

图4 绿色系：官绿、葱绿、松绿、水绿、苗绿、油绿、柳绿、墨绿、鸭绿等

图5 棕色系：棕色、酡绒、茶褐、圆眼、米色、檀褐等

缃色、朱墨、灯草灰等。

孔府明代服饰特点色彩艳丽，颜色纯粹干净，其中又以织锦类尤为突出，妆花属于织锦类面料，区别于其他织锦类，妆花的颜色尤为丰富，且每一个循环可做到不重复的色彩效果。如香色麻飞鱼贴里上的颜色就多达十余种，色系主要分红、黄、蓝、绿，每个色系按照一定比例的饱和度变化来实现图案的立体感，体现出明代色彩的典型配色方式。纵观孔府明代服饰，紫色系与灰色系的色彩即便是在刺绣和画像中都难觅踪迹，在前朝尤其是后世清代服饰中却是常态存在，这也许意味着明代人的礼制服制、生活轨范、审美情致或者遵循传统，也反映了当时染色行业工艺的水平与整体倾向。

刺绣是明代孔府服饰中常见的一种工艺，是鲁绣作品中的精华。从花鸟裙的衣线绣，到各类补子的捻线绣，都具有十分鲜明的地方特色，绣片的丝线颜色可谓五彩缤纷。鲁绣工艺区别于江浙一带刺绣的细腻风格，孔府刺绣风格粗犷，倾向以大块单色彩填满造型，并结合使用超过15套色的组合，使绣品力量感与立体感十足。

赭红色暗花缎缀绣鸾凤圆补女袍中的绣鸾凤团补整体配色具有明代服饰色彩的典型风格，分为红、黄、蓝、绿4个色系，黑白作为点缀（图6），一共37套颜色，使用了超过20种传统染色材料染制真丝绣花线（图7）。

朝服作为历代高等级官服，拥有十分悠久的历史，古代官员在参加大祀、庆成、正旦、冬至、圣节以及颁降、开读、诏赦、进表、传制等重大政务礼仪活动需穿着朝服。朝服在明代画像亦多出现，明代的朝服主要是由赤罗衣、赤罗裳、白纱中单、梁冠、蔽膝、革带、大带、佩绶、袜履等组成，研究朝服的服饰制度对于当代祭祀圣祖活动制定服饰规范有引导作用，现实意义非同一般。孔府旧藏明代朝服，也是目前世上唯一存世的朝服标本，其珍贵程度可想而知，由于年代久远，有机质丝织品寿命有限，服饰色彩纯度、饱和度衰减不可避免，所以对于纺织类文物的复制与复原研究显得十分急迫。

孔府赤罗朝服所使用的面料均为丝绸，无里布。上衣大身和下裳大身以及缘边部分为二经绞罗，也叫素罗或素纱，下裳腰头为纱，绑带使用的是绢，所有面料均为先织后染，朝服上共有赤、青、黄三种颜色，属于正色（图8）。朝服上衣为交领、右衽、大襟，这也是汉民族服饰的典型特征之一。朝服的特点是在领子、袖口、下摆及衣襟各处都缀有一条青色缘边，下裳为六幅拼接，前后各拼三幅，每幅又折三襞积，前边、后边、底边三处同上衣一致缀青色缘边。上衣一共三对绑带，

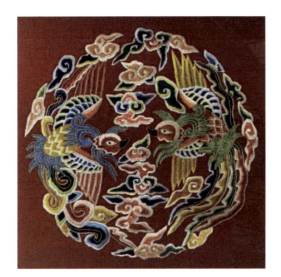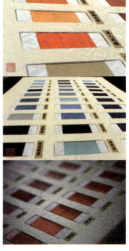

图6　绣鸾凤圆补　　　　　　　　　　图7　植物染真丝绣花线

图8　复原赤罗朝服

用以固定内衬、外衬与腰带，衣身背面有一对腰带衩位于两边袖根旁，袖口收祛的现状与文献记载形制不符，朝服应为敞袖不收祛，孔府中的朝服为何收祛还需要进一步研究。朝服下裳腰头面可见两处腰带衅。除个别几处固定针为明线以外，整套朝服几乎为暗缝。

七、结语

文物复制是保护文物的一种重要手段，对于纺织品文物来说，尤其是蛋白纤维类的丝织品非常容易损坏，而这类文物一旦损坏常常是不可逆的损失，因此复制与复原的标准就成为能否延续文物寿命的关键，修复手段也只能解决一时之需，只有技艺不死，纺织品文物才能真正得到永生。

纺织品与服饰文物的核心可以分为三大部分：形制、色彩与织造，其中最复杂的就是色彩的部分，因为另外两部分都可以有大量实物来支撑，而复原色彩的关键在于如何弄清楚染色使用的材料和染色方法。由于色彩具有很强的主观性，只靠肉眼观察肯定存在很大偏差，可以借助科学仪器对原文物进行系统化验以及光谱分析、老化分析等科学手段，用以帮助推导颜色，再结合文献记载确定明代的染材范围，最后通过反复试验还原出原文物的色彩。

影响色彩的因素十分复杂，传统染色技艺也并不完全能通过仪器数据来掌控，还需要结合染色匠人的经验才能实现色彩的准确还原，通过复制复原工作不仅可以探究古代色彩的构成，还可以了解古代工匠的思维方式与工作习惯，立体地还原出一个生动的历史时代。

明代纺织品文物，是祖先留给我们的宝贵文化遗产，我们对此应怀有敬畏之心，必须用先辈传给我们的最好技艺来保护，其中包含修复和复制。

现在纺织品文物修复领域，存在重纹样、重织造，轻染色的倾向，严重阻碍了纺织品文物修复的进程。一件纺织品文物，是由布料、纹样、形制、色彩组成的，没有色彩就不是一件完整的文物。

孔子博物馆收藏的明代服饰，是不可多得的文物，成色很不错，对部分损伤的服饰，要抓紧修复，以造福于国人。

植物染料染色是流传了数千年的悠久技艺，经过了时间检验，是切实可行的。有人质疑传统染色的色牢度不好，是杞人忧天。君不见在博物馆里还保存有上千年的纺织品文物，颜色还依然在，这就是证明。只要匠人还在，技艺不死，纺织品文物修复就有希望。

参考文献

[1] 黄荣华. 中国植物染技法 [M]. 北京：中国纺织出版社，2008.

[2] 张廷玉，等. 明史 [M]. 北京：中华书局，1974.

[3] 宋应星. 天工开物 [M]. 胡志泉，注. 北京：北京联合出版公司，2017.

[4] 李时珍. 本草纲目 [M]. 北京：作家出版社，2007.

礼、叙事与空间：近年"孔府旧藏"文物展览中的女性文物展示形态

康玉潇¹ 李倩倩²

摘　要："孔府旧藏"文物自20世纪50年代起逐步从孔府走进博物馆，反映了孔子家族文物从家族纪念对象向大众文化载体的转向。这一"博物馆化"进程经由多次服饰展览使家族女性凭借"物"回归到儒学思想的解释框架之下。本文以"孔府旧藏"女性文物尤其是服饰文物的展示问题为切入点，基于文化遗产利用理念演变的背景，通过讨论"孔府旧藏"服饰展叙事与文物展览的空间秩序，对孔府旧藏女性文物展示、儒家文化遗产利用的特点与可能提出思考。

关键词：博物馆；孔府旧藏；女性；空间；家国同构

　　家庭是由个人组成的社会单位，是庞大社会网络的一部分。[1]家庭在婚姻与血缘关系的连接下形成家族体系，维持着人类社会的延续。从全球视野来看，历史上的许多家族都有保留与传承家族之物的行为习惯，大多出于收藏、纪念或是继续使用的动机，使家族之物超越历史留存下来。这些曾在历史上颇负盛名的家族在选择家族之物进行保留时，亦是一种对过去与未来的思考。如意大利三大收藏家族之一贝利尼家族世代收藏作画和艺术品、英国查茨沃思庄园中卡文迪许家族的艺术品收藏和家族肖像、布伦海姆宫中丘吉尔家族的藏品与用品、哈

1　康玉潇，四川大学考古文博学院文物与博物馆专业2022级硕士研究生，研究方向为文化遗产保护利用。
2　李倩倩，四川大学考古文博学院副教授，研究方向为文物学与艺术史、博物馆学、设计艺术学、文化遗产保护。

德威克庄园与贝丝的藏品，以及日本德川家族的藏品等。"孔府旧藏"文物起初作为孔氏家族祭祀与传世之物而留存至今，主要包括历代服饰、首饰、古籍、书画、档案文书、餐具、生活用品等，其中一批传世的明代服饰尤为珍贵，是现存中国古代服饰的珍稀实证，其展示对我们了解孔氏家族历史与儒家文化精神内涵具有重要作用。

一、"孔府旧藏"文物的博物馆化

随着现代化进程的到来，传统的家族体系逐渐转变，家族遗产也面临着时代的新选择，开始走向公众开放的进程，家族收藏进入博物馆、故居庄园变为博物馆，这些家族之物开启了新的生命史。伦敦大学学院考古研究院文化遗产学教授罗德尼·哈里森（Rodney Harrison）在《文化和自然遗产：批判性思路》一书中谈道："遗产是过去与现在两者关系的产物、是对未来的反思。是我们主动将一系列物品、场所与实践结合起来的过程。我们的选择如镜子般折射着当下，关乎我们希望将哪种价值体系带进未来。"[2]家族遗产作为历史进程的印证，其保留与传承同样可以参与到当前社会的问题中，是当下进入过去的一种创造性方式。

在西方，家族遗产主要通过博物馆展示与庄园原址展示的方式对外开放，例如丘吉尔家族的布莱尼姆宫于1987年被列入世界文化遗产名录，除主体建筑和园林对外开放，还设有"丘吉尔的使命"展、"温斯顿·丘吉尔爵士"生平陈列，介绍丘吉尔家族重要人士的杰出贡献，"布莱尼姆宫——鲜为人知的故事"展介绍布莱尼姆宫三百年来的兴建、改造，以及最终形成今日面貌的过程[3]；在日本，大名家族的遗产则多在美术馆、博物馆中展示，例如德川美术馆展示了日本江户幕府（1603—1867年）的大名德川家康及其后代的遗物，展出艺术品、家私道具、盔甲、衣物等藏品，通过还原茶室、礼仪厅、能剧舞台重现江户幕府第一代将军德川家康的生活场景。家族之物进入博物馆，脱离了原本的使用场景，成为新的"博物馆物"，在"博物馆化"的过程中，博物馆将家族历史"归入其位"，将其归入更加宏观的历史背景之中，从而进行现代性排序，在强调过去和现在之间的距离时，令过去的遗迹产生新形式的价值。[2]

在此背景下，孔府旧藏文物在世界范围内具有独特价值。孔府又称"衍圣公府"，衍圣公是历史上朝廷授予孔子后裔的封号，自宋至和初年（1054年）起延续了800余年，而衍圣公夫人作为衍圣公配偶，同获册封以促进孔子家族治理、益增闺阁之光，为维护社会伦理秩序与教育的典范，以此巩固君臣关系。长期以来，学界对隐于府苑之内的孔府女性关注不多，但孔府旧藏文物中服饰、佩饰等精致繁华的女性文物却屡见不鲜。

孔府与孔府旧藏文物的博物馆化是一个渐进的过程。作为孔子后裔的生活居所与生活用品，孔府与孔府旧藏文物在原初的使用过程中就被赋予了"礼"的意义，遵循礼仪秩序与儒家礼仪规范，在儒学与家学的双重影响下被创作与使用。自20世纪50年代起，孔府文物分别由曲阜市孔府文物档案馆、孔子博物馆、山东博物馆、国家博物馆等机构保管。自20世纪70年代，孔庙、孔府、孔林作为文化遗产正式开放，孔府物件也由家族收藏实现了"博物馆化"的过渡，陆续面向公众展示。21世纪以来，孔子博物馆、山东博物馆协同其他文化机构相继举办了13场孔府旧藏文物展，题材主要涉及服饰、文献与民俗，孔府旧藏文物成为面向公众进行教育、研究与欣赏的儒家文化传播载体、人类文化见证物。

"孔府旧藏"文物从孔府走进博物馆，反映了孔子家族文物从家族纪念对象向大众文化载体的转向，这一"博物馆化"进程使女性凭借"物"回归到儒学思想的解释框架之下，且经由"博物馆化"的过程成为新时代下孔府文化与儒学精神传播的物质载体。随着一批孔府旧藏文物实现了由家族私有到国家遗产的过渡，通过博物馆展览加入当下的公众文化语境之中，"物"给予了诠释中国传统精英文化的代表——儒家思想与女性关系的更多可能。衍圣公夫人群体得以在当下由历史中模糊的群体形象借助"物"还原为个体。

二、孔府旧藏服饰展叙事与女性形象构筑

服饰是历次孔府旧藏展览的重点展品。孔府旧藏中的大批传世服饰具有保存相对完好、来源清晰、传承有序、种类丰富等特点，故而被学界公认为研究中国古代服饰史的重要史料。[4]自2012年以来，山东博物馆与孔子博物馆等相关文化机构举办了多次孔府旧藏服饰展（图1），其中以2012年山东博物馆主办的"斯文在兹——孔府旧藏服饰特展"（以下简称"斯文在兹"展）、2013年山东博物馆、故宫博物院和曲阜文物管理委员会联合主办的"大羽华裳——明清服饰特展"（以下简称"大羽华裳"展）、2020年山东博物馆和孔子博物馆联合主办的"衣冠大成——

图1　服饰展览海报（山东博物馆、孔子博物馆官网）

明代服饰特展"（以下简称"衣冠大成"展）以及2022年孔子博物馆举办的"齐明盛服——明代衍圣公服饰展"影响最广，受到了观众和传统服饰爱好者的广泛关注。2023年6月，"清代衍圣公服饰展"在孔子博物馆开幕，继续延续了"孔府旧藏"服饰展。上述展览对儒家文化遗产展开以"礼"为基点、"家国同构"为叙事逻辑的层次渐进的宏大叙事，其中，女性服饰文物初步构筑了孔氏家族女性的形象与生活，作为"礼"的具象表达呈现古代服饰制作技术、审美追求以及礼仪规范。以衍圣公夫人为代表的孔氏家族女性通过"孔府旧藏"展览中物的回归渐渐从历史与孔府中走出，在展览叙事中以不同的角色向观众阐述着自己的故事，以孔府旧藏物为载体再阐释了儒家文化的核心理念，有利于促进社会和谐，传承中华民族优良家风，并影响社会风尚的变化。

（一）叙事原点：在"礼"的导向中组合物的关系

"孔府旧藏"历次服饰展览主题大多阐发以"礼"为核心的儒家思想，题材涵盖了日常生活礼仪、服饰制度、家族传统、节庆礼俗等方面，女性文物则在主题阐释中起到重要的支撑与对照作用。例如，"诗礼传家"基本陈列主要展现历代统治者对孔氏后裔的优礼恩渥及孔氏家族诗礼传家的优良传统，女性服饰、画册等文物的展示补充了孔氏家族府内生活及优良家风的展示角度；5次服饰展览主题分别为"斯文在兹""大羽华裳""衣冠大成""齐明盛服""衣以正德"，注重传播中华服饰之美，展示了孔府旧藏服饰的华丽及其社会功能，将服饰与个人品德、社会治理结合起来，女性服饰与衍圣公服共同阐释了这一主题，并与男性文物形成对照；其他"孔府旧藏"展则关注相关历史时期社会风貌的展现，女性文物展示相对较少，但也表现出孔子家族女性的家族活动与社会价值。总的来看，孔府旧藏女性物件被包裹于儒家的宏大叙事框架之中，如礼仪、服饰、家族传统等，并未实现微观角度的剥离与解读。

从多次展览中可以看出，"礼"是"孔府旧藏"服饰展览叙事的原点。展览多从一个切面逐步深入挖掘并展示了孔府的日常生活及明清时期的政治历史变迁，从展览结构到空间关系对"国"与"家"的"礼"进行了阐发，具有内外之分、明暗之别：从古代国家与社会的"外"到孔府家族的"内"，明线展示礼仪制度，暗线展示"礼"之思想及其影响下的社会风俗。文物与文物、文物与空间之间的关系本身具有特定的规则，物的关系在"礼"的导向中组合，在特定的空间关系中直接展现了具有等级性、象征性与政治性的古代礼仪制度[5]。

在"礼"的导向下，展览首先直观展示了孔府旧藏服饰、器物、档案的精美与珍贵，在此基础上对服饰、器物"衣冠之治""器以载道"的社会功能进行了阐释，按照不同适用场景对服饰、器物进行展览单元的设定，展现衍圣公家族的日常生活与礼仪传统，将礼仪制度与明清时期的社会生活连接起来。值得关注的是，多次展览的空间关系与中国传统建筑格局密切相关，参照古代空间秩序与礼制进行结构设计。

除此之外，展览注重古代服饰的制造技艺、风格特色的阐释，展开了当今服饰与古代服饰的对话，体现了礼仪文化的现代延续，同时介绍了现代条件下"孔府旧藏"服饰文物的修复与研究过程。孔子提倡"以衣守礼"，认为服饰不仅是一种制度规范，更是个体德性修为的外显，具有使人向"仁"的内在功能，这对现代社会有重要意义。[6]传统服饰及其礼制蕴含在博物馆展览中得到传播，今日的服饰穿戴之"礼"在延续传统礼仪文化的基础上进行新的创造。这种对"礼"的复现、对传统技艺的敬畏，是一种新的古今贯通的行为模式与中华传统文化的复兴。

（二）叙事逻辑：从衣冠之治到家国同构

在"孔府旧藏"展览的儒家文化遗产叙事中，"家国同构"是礼仪文化背后更深层次的叙事逻辑。任现品指出，儒家性别差等结构是一种家族一元格局内两性阴阳互动的男尊女卑，它"和父系家族所有制、家国同构的政治组织形式、伦理—政治一体化的儒家意识形态、意识形态与社会组织—体化的整合模式、自然与人事—体化的认知模式等多重因素相贯通、相互证、相适应"[7]。衍圣公夫人作为孔子家族的重要角色，与衍圣公亦处在家族一元体架构下的相互依存、阴阳对反的关系之中，其家族兴衰发展与国家密切相关。

如《大学》所言，"古之欲明明德于天下者，先治其国。欲治其国者，先齐其家。欲齐其家者，先修其身。"儒家思想中的"家"被定义为起点以及不断向外弱化之同心圆的中心[8]，而古代家国同构的政治组织形式已使国家利益成为家族利益的扩大与延伸，这一点在展览中也有所体现。在家族、国家的双重制约下，衍圣公夫人从属于衍圣公家族，同时从属于衍圣公，但家族一元体同时赋予她们制约男性、维护家族的权力，掌管家族事务，行使命妇责任，一定程度上参与社会事务，实现社会价值，而与此同时，家学深厚的衍圣公夫人、孔子家族女性仍然发挥着个人书画创作的重要才能，其个人价值由此得到彰显。多场"孔府旧藏"服饰展览大多按照服饰的礼仪与其所适用的穿戴场所进行展览单元的设定，在明代、清代，以及民国时期等时代背景下，以衍圣公服饰体系为核心，同时对衍圣公夫人所代表的夫人衣冠及女性服饰进行了较大篇幅的展示，女性服饰大多在吉服与便服单元进行展出。但2023年6月新展"衣以正德——清代衍圣公服饰展"则是按照服饰主人划分展览单元，展出了"衍圣公服饰""夫人服饰""儿童服饰"三类服饰，将衍圣公夫人的礼服、常服一并展出，展示了夫人服饰在古代服饰发展进程中的历史传统以及衍圣公夫人的府中生活。吉服是礼在"外"的体现，而常服即礼在"内"的反映，展览在"礼"的支撑下逐渐阐明了衍圣公家族一元体与家国同构之间的关系。

三、"孔府旧藏"文物展览空间的秩序连接

空间是一种生产工具，也是一种支配手段、一种权力方式[9]，空间的生产过程主要通过空间话语来实现[10]，孔府中的空间话语影响了展览的空间关系。"孔府旧藏"展普遍重视对孔府空间与生活方式的理念复原与运用，在物质空间的基础上建构儒家文化与孔府家风的传播路径，当"孔府旧藏"脱离孔府进入博物馆展览时，实际上保留了孔府的空间表征，包括孔府的建筑秩序、风俗习惯、家风文化等精神空间，影响着展览对于孔氏家族女性的展示逻辑。孔府在建造时注重礼制与秩序的严整，构成了前衙、后宅、左祖、右宾主次分明的格局[11]，这些空间中的秩序意识也在"孔府旧藏"服饰展览中有所体现。尽管"斯文在兹""大羽华裳""衣冠大成"展览所涉及的时代范围与对象不尽相同，但其空间结构设计都对"中正""和谐"等传统儒家观念与君臣、内外的古代社会秩序有所考虑，遵循孔府的建筑空间

设计理念以及话语规则，展览整体多呈现中线对称的设计，将政治权力象征置于展览空间的核心。

自古以来，两性区分与门窗等实体化的有形空间界限联系在一起。"孔府旧藏"服饰展览多次还原了孔府内的空间环境以及生活场景，使用家具、摆件、画作以及服饰配饰展现了孔府场景，尝试使用大门、屏风、洞门、花窗等隔断规定了观众动线，形成了叙事单元的区别，但并未限制观众视野，呈现出了含蓄但又别有洞天的传统营造之美，同时也影响着性别的展示。例如，"斯文在兹"展的策展设计通过"门"与明式家具的复原打造出"屋里门外""居雅服雍"的穿着场景[12]，复原了作为"仪门"的"重光门"，这一代表着衍圣公府与外界的边界，而"明月门"则是打开了更为内室的部分。

在展览的具体空间上，"孔府旧藏"服饰展览展出的女性服饰及相关文物在空间上呈现出逐渐集中的情况（表1）。

表1 服饰展中女性文物空间分布情况及观众动线

序号	展览	女性服饰分布与观众动线
①	2012年斯文在兹——孔府旧藏服饰特展	
②	2013年大羽华裳——明清服饰特展	

（续表）

序号	展览	女性服饰分布与观众动线
③	2020年衣冠大成 ——明代服饰特展	
④	2022年齐明盛服 ——明代衍圣公服饰展	
⑤	2023年衣以正德 ——清代衍圣公服饰展	

表格信息来源：笔者根据山东博物馆、孔子博物馆展览布局图绘制。

尽管几次"孔府旧藏"服饰展览的视角不同，但大多按照服饰的礼仪与其所适用的穿戴场所进行展览单元的设定，将其置于明清时期的时代背景下，以衍圣公朝服体系为核心，同时对衍圣公夫人所代表的诰命夫人衣冠制度进行了较大篇幅的展示，女性服饰大多在吉服与便服单元进行展出。"斯文在兹"展中的女性服饰展陈散落在以衍圣公为主题的叙事中，"斯文在兹"与"大羽华裳"均在明代、清代的时间背景下展开叙事，"斯文在兹"展的中心部分围绕衍圣公朝服体系展开，"大羽华裳"的中心部分是乾清宫的场景复现。"衣冠大成"展仅对明代服饰进行了展出，将"孔府旧藏"服饰放在整个明代服饰体系中进行观察，并且引入了传统服饰的现代视角，其中心仍是衍圣公朝服。"大羽华裳"与"齐明盛服"展对孔府旧藏女性服饰、配饰与日常物品呈现了更为集中的展示，但在叙事中仍处于衍圣公生活叙事的附属位置，而"衣冠大成"展中的女性服饰渐渐成为单元的主要部分，以衍圣公夫人为代表的命妇服饰与男性官员服饰被设置于相同规模的空间设计中，展板中对衍圣公夫人的权力与地位也有所提及，直至2023年"清代衍圣公服饰展"中"夫人服饰"拥有了完整、独立的单元，更加直接地展示了衍圣公夫人的日常生活。

在不同展览中，话语秩序在空间中变化，有关衍圣公夫人的叙事在"家国同构"的框架下借由物逐渐从群体走向个人，随之牵系的是其他孔氏家族女性的逐渐浮现。衍圣公夫人这一形象是多重的，是在个人、家、国关系的交织下逐渐被构建的，亦是一种"修身齐家治国平天下"儒学追求的体现。衍圣公夫人通过"物"来到了现代人的面前，进一步通过"物"的多层次的集中有了更明显、更生动的形象特征。但是，遗憾的是，体现家族女性个人才能的文物并没有得到更多的展出，例如其所编著的诗书、绘制的图册，展览中的衍圣公夫人仍是由许多的"他者"所建构的。美国著名汉学家安乐哲（Roger T. Ames）等人提出的"儒家角色伦理"观点认为以儒学为主导的中华文化传统具有一种互系性思维，"我是我的所有角色的一个结合体"，人们与其所处的诸多关系形成了特殊的个人身份形态[13]。

四、余论："孔府旧藏"女性文物展示的特点与可能

"孔府旧藏"文物在孔府的原址陈列是依靠自然环境与古代建筑共同打造的真实空间，以保护为前提，观众接受的多是建筑空间话语，而在博物馆展览的"孔府旧藏"文物展则是依靠现代置景与主题叙事打造的现代纪念空间，以文物展示为主

要目的，观众接受的是"物"的意义。在展览塑造的物质空间中，孔府的精神空间被保留与拓展，展现了不同时间节点的空间切片，更加直接地向观众传达了物的关系、历史及儒家文化意蕴。无论是孔府的原址陈列还是博物馆展览，"孔府旧藏"服饰文物都起到了时空坐标的作用，服饰是为人穿着而产生的，因此，服饰文物更能让人们感受到身处特定时空切片之中博物馆带来的真实性，增强了观众对于历史的感知。

在真实的孔府内，游客主要通过身体行走感知空间，出于保护的需要，部分房间是无法进入的。游客隔着玻璃窗"窥探"孔府各建筑内室的家居、日常用品，来获得对孔府及其生活者的主要认知。博物馆展览则为观众近距离观察文物细节提供了便捷，"诗礼传家"基本陈列展出了衍圣公府的兴起与发展，此外，孔府档案以及衍圣公府的服饰、餐具、文章书画、扇子、印章等文物的逐步展示，从不同层面帮助观众理解孔府据德游艺、诗礼传家的家养与家风。历年新年前，孔府景区举办"孔府过大年"系列活动，注重游客在孔府中观看演艺、体验民俗中的沉浸互动体验，孔子博物馆也会推出"过大年"主题展览，依托文物呈现衍圣公府过年时的祭祀、衣着、节庆等礼仪风俗，二者相辅相成，共同构建了孔府在节日上的空间切片，引起当地居民的共情、游客的感触。综合来看，展览在呈现孔氏家族对于古代政治社会与思想文化所做贡献的同时，展出了衍圣公及衍圣公夫人所创作的诗作、画作等富有个人思想的作品，阐释了"修身齐家治国平天下"这一愿景，但面临丰富的孔府旧藏女性文物和新时代儒家文化的转向，女性个体思想与处境等微观展示仍待挖掘。

空间的转换意味着话语的变化，也促进了意义传播的转变。在"云展览""元宇宙"等新技术观念盛行的今天，儒家文化遗产的数字化也成了重要议题，这一理念变化有利于为"孔府"建构由数据网络与交互关系构成的数字空间提供线索，这一过程实际上符合了博物馆数字化"在地、在线、在场"的范式转变。通过空间的变换，一方面可以为文物提供更安全适宜的保护环境，另一方面可以让"孔府旧藏"物在被赋予意义的同时自我表达，继续发挥仪式载体与文化传播载体作用的同时，通过技术手段更加全面地展现在观众面前，增强物与人的交互，为"孔府旧藏"文物及其所蕴含的中华优秀传统文化触及更多之人，到达更远之处提供新的途径与思路。

参考文献

[1] 方旭东. 家庭与社会——一项西方社会思想史的探索 [J]. 学术界，2016(11): 231−245.

[2] [澳] 罗德尼·哈里森. 文化和自然遗产：批判性思路 [M]. 范佳翎，等，译. 上海：上海古籍出版社，2021: 277+30.

[3] 赵琳. 走访布莱尼姆宫 [J]. 中国文化遗产，2010(3): 104−110.

[4] 吕健，张媛，周坤. 大明华裳——孔府旧藏之明代传世服饰 [J]. 文物天地，2020(12): 16−25.

[5] 杨华. 中国古代礼仪制度的几个特征 [J]. 武汉大学学报（人文科学版），2015(1): 16−22.

[6] 张国伟. 论孔子的服饰观及其社会教育意义 [J]. 美育学刊，2012(2): 15−20.

[7] 任现品. 家族一元体内的男尊女卑——论儒家性别差等结构的层次机制 [J]. 孔子研究，2019(2): 19−27.

[8] [美] 罗莎莉. 儒学与女性 [M]. 丁佳伟，曹秀娟，译. 南京：江苏人民出版社，2015: 98.

[9] [法] 亨利·列斐伏尔. 空间的生产 [M]. 刘怀玉，译. 北京：商务印书馆，2021: 41.

[10] 刘涛. 社会化媒体与空间的社会化生产：福柯"空间规训思想"的当代阐释 [J]. 国际新闻界，2014(5): 48−63.

[11] 郑孝燮. 方位与礼制对中国传统建筑与环境所起的作用 [C]// 中国建筑学会建筑史学分会. 建筑历史与理论 第五辑. 北京：建设部城市规划司，1993: 7.

[12] 陈阳. 互动体验时代下的博物馆展览——"斯文在兹：孔府旧藏服饰特展"策展剖析 [C]// 中国博物馆协会博物馆学专业委员会. 致力于社会可持续发展的博物馆 学术研讨会论文集. 济南：山东博物馆，2015: 398.

[13] 郭小军，杨明. 论儒学视域中人的构成性 [J]. 江苏行政学院学报，2018(6): 14−19.

服饰藏品节能恒湿展示与储藏

郭晓光[1] 周华华[2] 丁春立[3] 邱琬[4]

摘 要：明代服饰极易受外部环境以及馆藏环境不连续性控制，产生破裂、泛黄、糟朽等病害。在当前基于"平稳、洁净"的预防性保护和微环境控制理念以及贯彻提高绿色低碳发展的前提下，开发的新型展示与储藏微环境柜体均采用高气密技术与处理工艺，采用微环境恒湿、净化调控技术，可实现1000天不用电恒湿、洁净储藏，实现对明代服饰藏品展示与储藏方式的探索。

关键词：明代服饰；预防性保护；节能；恒湿；展储；高气密

明朝初年，汉族衣着受元蒙草原文化影响较大。明太祖朱元璋诏令"复衣冠如唐制"，重新建立起中原地区汉族人民的冠服制度。明代服饰是继唐宋后汉族服饰的延续，是我国服饰发展史上不可缺少的重要一环[1]。我国明代服饰可分为传世文物与考古发掘文物两部分，山东省内以传世的明代服饰为主，是十分珍贵、罕见的丝织品文物。但这些织物因自身结构、历史保藏环境、修复情况等不同，造成传世明代朝服的保存情况参差不齐，其中，温度、湿度、紫外线、有害气体等环境因素是导致织物损害的直接原因之一[2]。

国家文物局在"十三五"期间提出了《国家文物事业发展"十三五"规划》，在这个规划中也提到了两个转变，第一个是

---

1 郭晓光，高级工程师，研究方向为高密闭环境下智能气调保护技术与创新研制气调环境监测与调控产品。
2 周华华，高级工程师，研究方向为高密封环境下的智能气体调控技术的开发与应用研究。
3 丁春立，中级工程师，研究方向为应用低氧气体调控技术进行基础科研试验。
4 邱琬，工程师，研究方向为低氧环境调控技术在文化遗产保护中的应用研究。

由"抢救性保护"向"抢救性与预防性保护"转变，第二个是由"文物的本体保护"向"文物本体与周边环境以及文物生态的整体"转变。此外，《"十四五"文物保护和科技创新规划的通知》中明确提到了馆藏文物预防性保护计划，计划中提到要推进馆藏文物保存环境达标建设，推广基于"平稳、洁净"的预防性保护和微环境控制理念。2021年，国家文物局在《关于文物领域贯彻绿色低碳发展举措的通知》一文中提出："引进应用先进适用技术，有序开展既有建筑和设施节能改造、功能提升，不断降低运营维护成本。"当前部分博物馆使用的文物储藏柜是需要供电操作，但为降低运营维护成本，博物馆库房一般会在夜间断电，然而，断电会将文物置于一个较不稳定的环境中，尤其是长期湿度波动，导致的"累积性"损伤，会加速藏品的老化、脆化，并对文物造成的不可逆的损伤。

目前，文物保护设备形式众多，比如库房、展柜、囊匣等，文物专用储藏柜是保护文物的重要设备之一，必须具备恒湿、洁净和符合规范标准等条件，以确保文物的长久安全保存。在基于"平稳、洁净"的预防性保护和微环境控制理念、贯彻提高绿色低碳发展以及文物专用保护装置具备恒湿、洁净等的前提下，开发的针对服饰藏品节能展示护装置，其柜内微环境采用以高气密为基础，结合恒湿、净化技术，可实现1000天不用电恒湿、洁净储藏，实现对明代服饰藏品展示与储藏方式的探索。此外，可将柜内氧含量调控在极低的范围内，从源头上解决了文物，尤其是有机文物的氧化、虫霉害问题，同时结合智能化监视系统，实时监测柜内的保存环境，给文物提供一个稳定、健康的储存状态。

一、馆藏服饰常见问题和损害因素

馆藏明代服饰材质丰富，存在的病害类型多、程度不同。孔子博物馆馆藏明代服饰存在的病害类型可分为完整性变化、平整性变化、历史干预、生物破坏、色彩变化、强度变化、印绘脱落、污染等。这些病害可划分为自身因素、环境因素、人为因素三大类[3]。

（一）自身因素

明代服饰的制作原料可分为植物纤维与动物蛋白纤维两种，多以动物蛋白纤维为主。长链的动物蛋白受外界环境影响较大，容易出现变黄、发脆的现象，从而导致衣物破裂。蛋白纤维是有机成分，是霉菌、害虫等生长的温床，自然环境下保存的服饰文物更容易受到虫霉害的侵扰[4]。

夏季服饰与冬季服饰纺织所用线材不同，纺织的方式也有所区别。夏季穿着的纱、罗类织物丝线更为轻盈、脆弱，纺织的结构也较为松散。相较于冬季较为厚重的纺织丝线及更为致密的纺织结构，夏季的纱、罗更容易发生损害[5]。

（二）环境因素

以孔府馆藏明代服饰为例，早期服饰的储藏环境为密封性较差的箱匣，日换气率较高，且箱内文物易受到悬浮颗粒物、硫化物等有害气体的影响。自然环境下温、湿度差异变化和时间累积所造成的丝蛋白老化，而导致的纺织品纤维断裂乃至整体糟朽的破坏是不可逆的[6]。

1.温湿度

天然丝织品受温度、湿度影响较为显著。在高温环境下化学反应加速，每上升10℃，文物内部反应速率将会加快2~4倍。因此，高热或高湿并不适合长期储存丝织品文物[7][8]。

2.霉菌

蛋白结构的蚕丝是霉菌最好的生长场所，霉菌会将蛋白分解转变为生存的养料，直接引起破坏。菌在生长过程中会释放酸性气体、分泌黏性物质，这些分泌物都会对服饰造成不同程度的损害。霉菌的生长同样受到温湿度的影响。霉菌具有一定的细胞结构，高温时，细胞失活，霉菌生长速率减缓；高湿时，霉菌生长速率加快。霉菌种类繁多，休眠期很长，对于霉菌的防治应以预防为主[9]。

3.氧含量

高氧的状态下，文物本身会发生一定的氧化反应。微生物、害虫等有机生物同样会在氧环境下迅速繁殖。因此，在日常的文物保护工作中，应采用低氧环境进行保存。孔子博物馆的工作人员在修复工作馆藏衣冠之前，先会对保藏环境进行充氮处理，以去除大部分的有机生物，为修复工作打下良好的基础[10]。

4.光照

紫外线对丝织品文物的损伤是不可逆的，长时间的暴晒会使得蚕丝中的氢键发生断裂，造成文物物理性能的直接下降，进而导致丝织品断裂。若高温环境中存在足够的水，那么紫外线将对丝织品的颜色产生影响，光照时间越长，丝织品泛黄的情况就更加严重[11]。

5.有害性气体与颗粒物质

有害性气体可分为氧化性气体与酸性气体两种，其中，氧化性气体直接会加剧棉麻纤维素结构的水解与氧化，造成强度下降、脱色等病害。酸性气体是导致衣物褪色的主要因素，其具有强烈的腐蚀性，会对衣物结构造成不可逆损伤。不同直径的颗粒物会对文物造成不同类型的损害，直径较小的颗粒物会沉降附着在织物间隙，对织物结构造成磨损。碱性颗粒物对动植物颜料有直接影响，会造成褪色的情况[12]。

（三）人为因素

山东地区的明代织物以传世文物为主，前人在保藏传世衣物时可能出现保存不当、修复方式错误的情况，造成的损害可分为可恢复与不可恢复两种。在生产力、科学技术等其他因素的限制下，前人使用的保存柜为普通木箱，木箱气密性较差，且箱内材料可能会释放酸性挥发性气体，对文物造成伤害，此类伤害多为不可恢复的[13]。

二、服饰保护措施探索

（一）提高储藏柜密封性

高湿环境是有害生物滋生的必要条件，虫蛀、霉变会在丝织品文物上留下蛀蚀和污染痕迹，使藏品机械性能和理化性质下降。湿度过高会使丝织品受潮、腐蚀、变形，湿度过低会使藏品产生变硬、干裂和脆化。同时，空气中的酸性气体和其他污染气体都会给藏品带来化学伤害。传统展藏设备密封性差，导致柜内湿度受到外部影响，同时污染气体，有害生物、灰尘颗粒物易侵入[11]。

目前采用的智能化系统以气密柜体为基础，采用湿度、低氧调节等技术，通过选配不同的节能调控耗材，对展柜、储藏柜进行湿度、氧含量或气体洁净的调控，实现恒湿、低氧储藏或杀虫灭菌的功能。

依据 T/WWXT 0019-2015《馆藏文物展藏智能储存柜技术要求》，委托文物保护装备检验检测联合实验室上海博物馆文物保护科技中心进行储藏柜换气率抽样检测。经检测，储藏柜换气率为0.0008d-1，远远优于 T/WWXT 0019-2015《馆藏文物展藏智能储存柜技术要求》中规定的密封性能宜满足换气率≤1.0 d-1的要求（表1）。

表1 不同气密围护结构密封性标准要求及适用范围

围护结构形式	国内相关标准		森罗设计要求 (d-1)	适用范围
	标准名称及标准号	密封要求(d-1)		
库房	《博物馆 气调库房技术要求》 T/WWXT 0029-2018	≤0.05	0.05	批量藏品分类恒湿、洁净展示/储藏；藏品低氧储藏或常压低氧杀虫；
展柜	《文物展柜密封性能及检测》 GB/T 36110-2018	高密封：N≤0.05 密封：0.5≤N≤1.0 一般：N>1.0	0.02	珍贵文物或有微环境调控要求；一级文物、使用惰性气体或缺氧保存技术，需要采用高密封性展柜；
储藏柜	《馆藏文物展藏智能储存柜技术要求》 T/WWXT 0019-2015	N≤1.0	0.02	珍贵藏品分类恒湿、洁净展示/储藏/杀虫；无需供电的节能型调控，或接通电源主动调控；

良好的气密性大大减少了气密柜体内部与外界气体的交换，可长期维持柜内的湿度稳定。配套调湿剂无需经常更换，最短一年更换一次即可，湿度可稳定在需求范围内。

（二）储藏环境温湿度稳定性的维持

稳定的储藏环境是以蛋白为主要成分的有机藏品保藏的必要条件，昼夜温湿度的波动会加剧丝织品文物结构的水解破坏，因此，储藏环境的稳定性成为丝织品文物保藏的必要条件。适用于丝织品文物的低氧／恒湿洁净展示储藏可选配控湿、净化、低氧、检测显示等主动调控模块。还可选配恒湿、净化、调氧等节能调控模块，展柜密封后，即可实现恒湿、洁净、低氧调节，无惧断电[8]。委托文保装备联合检测实验室（上博）对气密展柜进行抽检，展柜换气率为80～100天换气一次，湿度准确度均<2.7%RH，波动度<2.6%RH。

本文所讨论的系统采用创新纤维型调湿材料，由天然植物纤维和高分子材料组成，安全环保，对文物和人体无害。用于调控文物保存微环境的湿度，吸湿和放湿均衡，调湿精度高，在室温条件下（20～25℃），误差小于3%。湿容量高，调湿速度快，无论是吸湿或放湿性能，均优于传统的"硅胶类调湿剂"。我们对35%和50%两种调湿剂进行的近40天的湿度监测显示，外界湿度变化超过30%，但在调湿剂的调节下，柜内湿度变化在3%以内，长期变化不超过5%，显示了该恒湿剂极好的稳定性。在30%～70%的相对湿度范围内，均可以选择相应目标湿度的恒湿剂，获得良好的控湿效果（图1）。

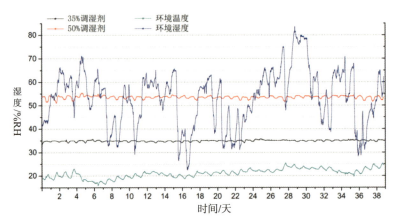

图1 35%RH 和 50%RH 调湿片 40 天控湿能力曲线

（三）气体洁净技术的突破

有害气体是导致丝织品文物脆化、变性、褪色的主要因素。恒湿洁净展储系统可以为丝织品文物营造一个密封、洁净、稳定的环境，节能型净化装置具有可快速去除空气中腐蚀性及氧化性化学污染物功能，通过与环境中污染物中和氧化的方法，去除化学污染腐蚀，抑制和杀灭霉菌病毒，达到有效保护微空间内贵重物品的目的。

净化过滤材料采用特殊工艺制作，可去除硫氧化物、活性硫化合物和有机酸、氮氧化物、甲醛、臭氧、挥发性有机化合物和碳氢化合物等多种气态污染物，且气态分子污染物转换为固态盐存储在颗粒中无法释放，消除了解吸和重新释放造成二次污染的可能性，去除效率达99.5%以上。经检测，甲醛、VOC、甲酸等含量均满足GB/T 36111-2018要求（表2、表3）。

表2 净化模块能力验证

气态污染物	VOC（μg/m3）	甲醛（ppm）
国家标准	60~120	≤0.075
试验前（在柜内放入有挥发的劣质硅胶）	2300	0.15
放入吸附包10天	0	0.04
放入吸附包36天	0	0.03
放入吸附包51天	0	0.01
放入吸附包71天	0	0.01

表3　气密洁净储藏柜内气体污染物实测结果与现行国内标准污染物限值对比

主要污染物	国家标准限值（μg/m3）	气密洁净储藏柜空间内污染气体检测结果（μg/m3）
二氧化硫	10	<2.0
二氧化氮	10	<2.5
臭氧	10	10
甲酸	10	3.25
乙酸	150	47.58

（四）氧含量调节

氧气是霉菌、害虫生长的必要因素，也是氧化反应、水解反应等不可逆损伤发生的必要条件。在环境温湿度的控制前提下，营造低氧环境也是丝织品文物保存的重要环节。配合高气密储藏柜使用低氧控制模块，可以将氧含量在0.1%~15%范围内调控，单次投放可维持氧含量3~6个月。

（五）智能化控制的应用

为同时对藏品进行监测，采用了一种环境智能监测与调控系统，实现微环境、小环境全面监测调控与珍贵文物重点保护的综合化、更加科学、准确，全面实现对文物保存环境的"恒湿、稳定、洁净、低氧"调节。集中监控装置可在线调控30台以上展柜，并可以根据藏品特性设定湿度及氧含量参数，并具有无线数据传输功能，满足小批量有机、金属、非金属无机等质地藏品的展储。在展柜和储藏柜内部不同位置放置温湿度卡片，实时监测柜内的温度、湿度，并通过无线通讯模块，将检测到的数据上传，通过手机或电脑进行查询、数据导出，亦可在库区、展厅或监控室内设置大屏显示器，实时显示各柜内温湿度参数。微环境数据监测系统原理图如图2所示。

温湿度及手机电脑终端软件共同组成的小型监测站，采用温湿度无线采集，无需布置线缆，施工简单。按照使用人员的要求，设置采集时间间隔，实时显示并记录现场的温度变化，数据可以定时上传至数据服务器，通过手机APP，电脑客户端可随时查看历史数据。曲线采集系统可实现无电源供电，断电情况下也可以24小时不间断采集柜内温湿度数据，并在数据发生异常时及时报警。孔子博物馆内明代服饰馆藏数量众多，在多展柜、储藏柜中布置该智能控制系统可实现多点实时远程监控。

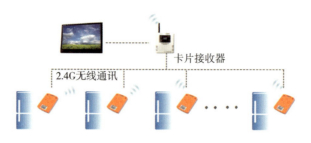

卡片接收器

2.4G无线通讯

图2　微环境检测系统原理图

三、产品应用实例

　　节能型恒湿洁净低氧展储与微环境数据监测系统以气密柜体为基础，采用湿度、低氧调节等技术，根据文物藏品类别不同，选配安全、环保的节能调控耗材，对展柜、储藏柜进行湿度、氧含量或气体洁净的被动调节，实现小批量有机、金属、非金属无机等藏品长期预防性保护储藏或杀虫灭菌功能。

　　气密柜体包括展柜、储藏柜等多种形式，气体交换率均≤0.02d-1，柜体湿度调控精度高，无电源即可长期维持柜内参数稳定，配套调控材料无需经常更换，且操作简单。同时，采用环境智能监测系统，监测数据科学、准确，全面实现对文物保存环境的"恒湿、稳定、洁净、低氧"调节。2019年11月，我公司对天津师范大学图书馆节能型恒湿洁净储藏柜（图3）进行为期30天的温湿度监测，储藏柜湿度设定值为50%RH。通过实时检测与数据分析发现，空间内湿度均匀，稳定性好，30天内在外界温湿度波动的影响下，柜内湿度维持平稳，湿度波动度≤5%RH（图4），气密良好的密封空间能够有效减缓或隔离外界环境湿度对空间内湿度的影响。

　　2020年5月，我公司对西安事变纪念馆节能型恒湿洁净展柜进行为期30天的温湿度监测，展柜湿度设定值为50%RH。以3号展柜为例，通过实时监测与数据分析发现，空间内湿度均匀，稳定性好，30天内湿度最小值51%RH，最大值53%RH，平均值52%RH，湿度波动度≤5%RH（图5），气密良好的密封空间能够有效减缓或隔离外界环境湿度对空间内湿度的影响。

　　目前，高气密展柜、储藏柜已在孔子博物馆（图6）、蒲松龄纪念馆（图7）、首都博物馆（图8）等多家单位投入使用。

图3 天津师范大学图书馆节能型恒温洁净储藏柜

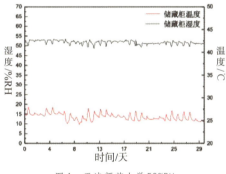

图4 天津师范大学50%RH
储藏柜30天湿度维持情况

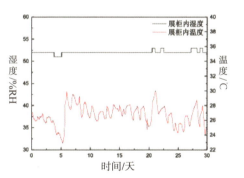

图5 西安事变纪念馆50%RH
储藏柜30天湿度维持情况

图6 孔子博物馆：
节能型恒湿储藏柜

图7 蒲松龄纪念馆：
高气密恒湿沿墙展柜

图8 首都博物馆：
万年永保展展柜

四、结论

当前博物馆、图书馆、档案馆等单位馆藏展柜、储藏柜气密性差，难以维持藏品在展储过程中的温湿度稳定性，虫霉滋生现象普遍存在。同时，污染气体，有害生物、灰尘颗粒物易侵入；加之，环境污染加剧、建筑材料、装具及藏品自身等释放的有害物质，导致柜内有害气体含量超标。柜体内进行湿度调节时，主动式加湿模块功耗大，运营成本高。一旦断电，恒湿低氧设备无法运行，对藏品造成无法估量的伤害。

不同来源的明代服饰保存情况不同，历史上的修复情况复杂，洁净、稳定的高气密环境是保证丝织品文物稳定的关键。围护结构的高气密性可以阻隔大气中灰尘、温湿度、有害生物、氧气和污染气体等对微环境内藏品的影响，维持微环境稳定。密封性是保证围护结构微环境长期稳定的前提与关键点，独立的密封空间可以为文物提供一个温湿度波动稳定、隔绝外界污染的优良保藏氛围，实现"十三五"规划中提倡的两个转变，即由"抢救性保护"向"预防性保护"转变与由"文物的本体保护"向"文物本体与周边环境以及文物生态的整体"转变，为文物营造"平稳、洁净"的储藏环境。高气密储藏柜能够实现文物展示与储藏的湿度、氧含量、气体洁净度等稳定调控，并具有微环境数据监测系统，适用于文物保护领域，具有操作简单、安全可靠、维护保养便捷，节约能耗，无需供电等优势。

参考文献

[1] 章国任.江西新余明墓出土服饰的保护与保管 [C]// 中国文物保护技术协会.中国文物保护技术协会第四次学术年会论文集.北京：科学出版社，2005: 5.

[2] 张亮.丝织文物保存环境的研究及实现 [D].武汉：华中科技大学，2011.

[3] 郭郎，王丽琴，赵星.丝织品的热老化及其寿命预测 [J].纺织学报，2020，41(7): 47-52.

[4] 杨金泉，管杰，贾茵.孔府旧藏传世明代服饰的保护修复与研究 [J].文物天

地，2021(5): 20-27.

[5] 孔旭. 古代纺织品的保护——丝织品文物清洁及贮藏的研究 [D]. 上海：东华大学，2004.

[6] 徐冉. 孔子博物馆明代纱、罗类纺织品的病害分析与研究 [J]. 人类文化遗产保护，2018(1): 25-33.

[7] 赵作勇，杨琴. 明代白鹇花罗补服保护修复及服饰工艺研究 [J]. 中国文物科学研究，2019(4): 55-60.

[8] 马笑然. 论修复室环境控制的重要性及解决方案 [J]. 文物修复与研究，2016(1): 698-705.

[9] 路智勇，惠任. 纺织品文物霉害预防性控制 [J]. 四川文物，2009(3): 89-92.

[10] 林江. 福州茶园山宋墓出土丝织品的保护修复实践 [J]. 福建文博，2023(2): 68-78.

[11] 董鲜艳，胡仁亮. 糟朽丝织品文物的保护探究——以郴州战国墓出土糟朽丝织品文物保护为例 [J]. 湖南博物院院刊，2022(1): 564-570.

[12] 丁艳飞. 丝织品保管工作谈略——以避暑山庄博物馆藏品为例 [J]. 沈阳故宫博物院院刊，2015(2): 108-116.

[13] 薛云勇. 考古发掘与博物馆保管中的文物保护措施 [J]. 东方收藏，2019(9): 112.